132 道高纖低卡輕食菜單

打造燃脂激瘦力

讓你瘦身一輩子！
燃脂快瘦餐

營養師 劉禕◎著

前言｜一週兩天輕斷食，不挨餓健康瘦！

　　寫這本書之前，有很長一段時間都在從事美食工作，所以經常做高脂高熱量的烘焙甜點和重油重糖的料理，離清淡健康的飲食習慣已經很遠，看著慢慢增加的體重和體脂，以及漸漸失去柔滑細膩的皮膚狀態，總是感到很焦慮，但是又一直沒有找到除了運動以外，從飲食上容易堅持又能改善整個身體狀態的方法，直到「輕斷食」的概念進入我的生活。

　　5天正常吃，2天低熱量的飲食方式，很容易堅持，也很容易實現，透過各種酸甜可口又排毒的蔬果汁和清爽健康的沙拉，讓很愛吃美食的我體驗到不需要痛苦地節食，就能降低體脂，改善身體和心情的方式。

　　選用色彩繽紛、口感豐富的新鮮食材製作沙拉，搭配不同口味的低卡沙拉醬，滿足飽足感的同時，也沒有失去食材應有的美味。書中推薦大家早餐選擇飲用蔬果汁，午餐和晚餐食用健康美味的沙拉。

　　酸甜的柳橙、爽脆的蘋果、充滿熱帶氣息的百香果和芒果……每一種水果都有自己的氣息和味道，每一種蔬果汁的搭配也會帶來不同的愉悅心情。繽紛的蔬菜、水果帶有自然中多種濃郁鮮亮的色彩，從口感和視覺都能給你帶來幸福愉悅的體驗；充滿世界各地不同風情的各種沙拉醬，能帶你品嘗到異地的美食風情，不需要虧待自己的胃也可以健康減脂，這就是我最嚮往的保持身材的方式。

　　當你開始關注身體狀態，關注更健康的生活方式；當你開始選擇新鮮清爽的食材，選用健康自然的烹飪方式；當你感受到鮮嫩的蔬果在口中迸發新鮮的氣息，體會到整個身心都有更好的狀態時，我相信，輕斷食正在給你的生活帶來積極的影響，更讓你重拾了身心的健康。

Contents

上篇
一日三餐，輕斷食

Part1
蔬果汁 + 沙拉，燃脂快瘦新主張

Part2
早安，蔬果汁

Part3

午安，梅森瓶沙拉

Part4

晚安，沙拉

下篇
輕斷食實踐篇

※ 本書中加註〔　〕為香港用語

輕斷食，回歸自然又健康的飲食狀態

忙碌、快節奏的生活方式讓現代人長期處在繁忙的生活中，與健康漸行漸遠，熬夜、不規律飲食、各種應酬，讓腰圍和各種身體指標都在不知不覺中離正常值越來越遠，逐漸增大的生活壓力也影響著現代人的健康狀況。

在此，為大家推薦一種健康的飲食方式——輕斷食。輕斷食看似是一種瘦身的方式，其實更是一種健康自然的生活方式新主張，它能帶你回歸健康的生活狀態，保持良好的體態，同樣也可以帶來更加輕鬆愉悅的心情。那麼，輕斷食是什麼樣的飲食方式呢？

✂ 5 天正常吃，2 天控制著吃

風靡全球的輕斷食是一種讓人們以輕鬆健康的方式進行減脂並且重獲健康自然的生活飲食模式，建議在一週7天的時間裡，選擇2天進行控制熱量的低卡飲食，其餘5天則盡情享受自己喜歡的美食，它是一種可行度高、容易堅持的瘦身飲食方式。

本書特別為大家推薦「早餐蔬果汁+午餐和晚餐沙拉」的輕斷食飲食方案。

✂ 斷食日的輕食料理，營養均衡不挨餓

本書中提供了許多美味的沙拉和蔬果汁，全部選用低糖、低脂的食材，低油、低鹽的健康烹飪方式，以及色彩與口感俱佳的搭配方式，讓你即使面對乏味的食物也可以輕鬆度過2天斷食日。

✂ 非斷食日這樣吃，一日三餐任你搭配

除了多種斷食日的飲食建議，書中還介紹了更多可口的濃湯，以及滿足口感和顏值需求的非斷食日沙拉，打開本書，你已經離輕食達人又更進一步啦！

上篇 一日三餐，
輕斷食

準備好開始輕斷食計畫了嗎？如何才能做出好吃又低脂的斷食餐呢？從現在開始，跟我一起走進輕斷食的世界吧！新鮮的蔬果、繽紛的色彩、多種口味與風格的低卡醬汁相互搭配與融合，從味覺到視覺都可以帶你開啟健康低脂美食的大門。

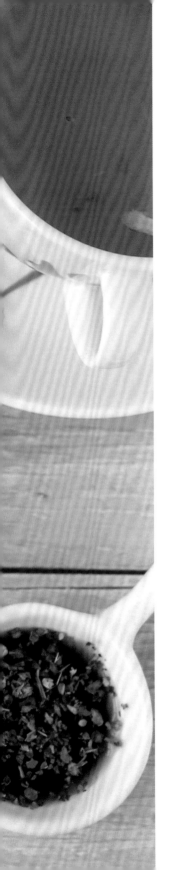

Part 1

蔬果汁＋沙拉，
燃脂快瘦新主張

　　清新爽口的蔬果汁和食材多樣、少油
少鹽、烹飪簡單的沙拉是近年來熱門的健
康美食，這些蔬果汁和沙拉在家就能輕鬆
製作。

　　新鮮的蔬果能為人體補充維生素，以
及鈣、磷、鉀、鎂等礦物質，有增強細胞
活力，促進消化液分泌，消除疲勞等作
用。當然，除了有助於健康外，由於大多
數食材未經高溫烹調，所以做好的蔬果汁
以及沙拉色彩繽紛，更能帶給人愉悅的心
情。

　　在我們的輕斷食過程中，保持良好的
心情跟健康飲食同樣重要呦！

蔬果汁當早餐，開始一天的輕食

蔬果汁中含有豐富的膳食纖維，還含有一定的熱量，可以有效滿足人體的飽足感，延緩饑餓感的來臨，所以將蔬果汁做為早餐是很好的選擇。

本書提到的蔬果汁都是用新鮮水果和蔬菜直接榨取得到的，不添加額外的糖分，也沒有經過加熱處理或添加色素。它們最大程度地保留了蔬果汁的口感和營養成分，這也讓鮮榨蔬果汁擁有混合著新鮮水果和蔬菜的香氣，洋溢著幸福的味道，從口感和營養價值來說都是不錯的選擇。

在家製作美味蔬果汁的訣竅

✗ 榨汁機、破壁機和原汁機怎麼選

製作蔬果汁之前，先得選一款製作工具。榨汁機、破壁機、原汁機……市面上各種機型層出不窮，我們該如何選擇呢？

市面上最先出現的應該是榨汁機，透過高速旋轉的刀片對食材進行粉碎出汁，還可以通過濾網過濾殘渣，操作非常簡單。

破壁機是榨汁機的升級版，透過高速旋轉的刀片可以打破植物細胞壁，粉碎能力更強，處理的食材更加廣泛。所以，經破壁機處理後的果汁是連同果渣一起的，能盡可能地保留食材的營養成分，但可能會出現一些果渣顆粒，不過這些顆粒非常細膩，喝起來也很順滑。

原汁機沒有超高速旋轉刀片，它採用的是螺旋擠壓方式，出汁率高，製作的果汁原汁原味，味道和口感更佳。但是因為缺乏鋒利的刀片，因此質地較硬的食材無法用原汁機進行處理。

在製作蔬果汁前，大家可以根據自己的條件、各個機型的優點以及食材的特點來選擇適合的工具。

❧ 蔬果的比例必須適當

合理的蔬果搭配不僅決定了蔬果汁的口感，還決定了蔬果汁的營養成分與功效。如果蔬果汁中蔬菜的比例過高或種類選擇有偏差，蔬果汁的苦澀味就會過於強烈，以致讓人難以下嚥，所以只有選擇合適的蔬果比例以及食材種類，製作出的蔬果汁才會符合自己喜歡的口味。

一般我們選擇的蔬菜汁量與果汁量基本為1：1的比例。如果你不習慣蔬菜汁的味道，蔬菜汁的比例可以更低一些。可以大致將水果分為酸味水果和甜味水果，在比例中，酸味水果和甜味水果的比例量以1：4為好。另外，當蔬果汁甜度較高或出汁率稍低時，可添加牛奶或冰水，一起混合榨取果汁，來獲得更佳的口感。

❧ 尋找適合自己的味道

由於每個人的口味習慣不同，並不一定所有的蔬果汁味道都能接受，因此建議選擇自己喜愛的蔬果比例，來製作最適合自己口味的蔬果汁。

我們最終的目標是要在愉悅輕鬆的狀態下享受輕斷食，而不是為了健康飲食或低熱量的要求而強迫自己忍受不喜歡吃的食物。無論如何，能讓自己擁有開心輕鬆的狀態才是最好的選擇。

❧ 口味調整小技巧

如果不是很習慣綠色蔬菜汁的口感，可以透過適當增加甜味水果的用量來提高蔬果汁的甜度，以便讓自己更容易接受。如果不想用水果增加甜度，可以選擇增加胡蘿蔔、番茄、黃瓜等口味清淡的蔬菜用量來調節口感。

當然，加入適量的檸檬汁或柳橙汁，也可以挽救一杯因為綠色蔬菜比例過高而變得苦澀的蔬果汁。

蔬果汁常用食材

香蕉 ◀

香蕉香甜軟滑，是人們喜愛的水果之一。在歐洲，有研究顯示它能緩解憂鬱而有「快樂水果」之稱。香蕉富含鉀和鎂，鉀能防止血壓上升及肌肉痙攣，鎂則具有消除疲勞的效果。

葡萄柚〔西柚〕▲

葡萄柚中含有寶貴的天然維生素P、豐富的維生素C，以及可溶性膳食纖維，能調節人體免疫力，對皮膚也有很好的保健作用。它香氣獨特，略帶苦味，非常適合做果汁。

百香果 ▼

百香果散發著熱情洋溢的熱帶味道，被譽為水果中的「熱情之花」，同時含有多種人體所需胺基酸，酸甜可口的味道適合與其他水果或茶混合製作果汁或果茶。

柚子 ▼

柚子肉中含有非常豐富的維生素C以及類胰島素等成分，所以有調血糖、降血脂、減肥、美膚等功效。它還含有大量的維生素P，能夠達到強化皮膚毛孔的作用，同時還可以快速修復皮膚組織。加上含有的熱量非常低，因此非常適合減肥美膚人士。

奇異果 ◀

一顆奇異果能提供一個人一天維生素C需求量的兩倍多，因此它被譽為「維生素C之王」。奇異果含有較多的可溶性膳食纖維，有穩定情緒、降膽固醇、幫助消化、預防便祕、止渴利尿和保護心臟的作用。

柳橙 ▶

柳橙中豐富的膳食纖維能促進腸道蠕動，所含的維生素C有美白和抗氧化的功效，酸甜清香的味道也可以跟很多蔬果盡情搭配。

水梨 ▼

水梨有助於人體潤肺、消痰、降火、解毒，同時又有輔助降低血壓的效果，良好的食用價值、超高的含水量，以及細膩的果肉都是水梨成為蔬果汁常用食材的原因。

蘋果 ▲

蘋果含有豐富的膳食纖維、維生素及礦物質。其所含的營養既全面又易被人體消化吸收。有降血脂、降血壓的作用，還具有通便和止瀉的雙向調節功能。

芒果 ▼

芒果為著名熱帶水果之一，肉質細膩，氣味香甜，所含有的胡蘿蔔素特別高，是水果中少見的，其次維生素C含量也不低。

檸檬 ▶

檸檬富含維生素C，有化痰消炎、生津解暑的功效。由於酸味很濃，常被用作調味食材使用。

酪梨〔牛油果〕▼

酪梨是一種營養價值很高的水果，含多種維生素、豐富的脂肪和蛋白質以及鈉、鉀、鎂、鈣等元素。營養價值可與奶油〔牛油〕媲美，因此有「森林奶油」的美稱。

胡蘿蔔 ▲

胡蘿蔔是一種質脆味美、營養豐富的家常蔬菜，含大量的胡蘿蔔素，有抗癌、降低膽固醇、調節人體免疫力的功效。

鳳梨 ▼

鳳梨香味濃郁，甜酸適口。其鳳梨蛋白酶能有效分解食物中的蛋白質，促進腸胃蠕動。豐富的維生素B群能有效滋養肌膚，防止皮膚乾裂，使頭髮變得有光澤。

葡萄 ▼

葡萄中的多種果酸有助於消化，適當多吃些葡萄，能健脾和胃，另有研究證明，葡萄有助於阻止血栓的形成。

聖女番茄〔車厘茄〕▶

聖女番茄，常被稱為「小番茄」，有紅、黃、綠等果色。它具有生津止渴、增進食慾的功效。

石榴 ▶

石榴剝開後果肉晶瑩剔透，具有紅豔的色澤，酸甜的口感，是製作果汁的絕佳食材。

火龍果 ▼

火龍果是熱帶水果，味道香甜。它最大的特點就是幾乎不含果糖和蔗糖，糖分以葡萄糖為主，非常易被人體吸收。

青檸 ◀

青檸具有強酸性，常被用來做美食的調味料。值得注意的是吃完青檸後，一定要多刷牙、漱口，以免形成蛀牙。

斷食日首選沙拉，
上班族午餐可嘗試梅森瓶沙拉

沙拉由英文salad音譯而來，是從西方傳來的飲食方法，它選用新鮮的食材，大多數食材不經任何烹飪處理，只對某些肉類或蔬菜稍做加工即可搭配食用，其少油、少糖、自然健康的特點讓沙拉成為低脂飲食的首選。

以往我們認為沙拉中只有肉類和蔬菜，其實不然，在沙拉中同樣也可以添加糙米、紫米、大米、義大利麵、麵包等富含碳水化合物的食材，多種食材的添加讓沙拉可以兼具飽足感與多樣營養素的特點，同樣也讓沙拉成為了午餐和晚餐的主角。陽光明媚的中午或夕陽相伴的傍晚，讓我們一起做健康低脂、美味可口又低熱量的主食沙拉吧！

✂ 梅森瓶沙拉，風靡歐美

梅森瓶很早便風靡於美國，那是在一個冰箱還沒有普及的年代，密封又透明的梅森瓶滿足了當時人們對食物的儲存需求，也可以讓人更加直接地看到瓶中食材的新鮮程度。

梅森瓶沙拉是將醬汁和新鮮的食材依序放入乾淨的梅森瓶中製作而成的沙拉，可開蓋即食，也可密封放入冰箱冷藏保存，需要時拿來食用，具有易保存、易攜帶的優點，非常適合上班族做健康的午餐便當使用。

沙拉常用食材

蔬菜類

南瓜 ◄

南瓜口感軟糯綿密，有清甜的口感，富含類胡蘿蔔素、多種礦物質以及胺基酸等營養成分，蒸熟食用或烤制後食用都是很好的選擇。

櫻桃蘿蔔 ►

櫻桃蘿蔔的口感和色彩都非常特別，紅白相間的顏色能給沙拉帶來活力。其豐富的膳食纖維可以幫助消化，改善腸道功能。

豌豆 ▼

豌豆所含的維生素C在所有鮮豆中名列榜首，且色彩鮮明誘人，是非常適合製作沙拉的食材。

羅馬生菜 ►

羅馬生菜是生菜的一種，口感爽脆，苦味比較淡，並且後味會帶一點點甜。富含的鉀有助於身體排除多餘的鹽分，還有較高的鈣含量。購買的時候菜片光澤度越好越新鮮。

馬鈴薯 ►

馬鈴薯含有豐富的澱粉、蛋白質，口感綿密，跟多種香料都很契合。在沙拉中加入馬鈴薯不僅可以提升飽足感，也可以讓沙拉有更好的口感。

玉米 ►

玉米中豐富的膳食纖維可有效改善腸道環境，黃嫩的色澤和清甜的口感都是它受歡迎的原因。

紫葉生菜 ◄

紫色綠色相間的紫葉生菜極富營養價值，有助消化、促進血液循環、利尿、防止腸內堆積廢物的功效，並有抗衰老和抗癌的作用。

黃瓜〔青瓜〕 ▼

非常易得的食材，製作沙拉時選用大黃瓜和水果黃瓜均可，其獨特的香氣和高含水量能為沙拉帶來清爽的口感。

花椰菜〔西蘭花〕▲

最常見的低脂沙拉食材之一。在煮滾的鹽水中燙至熟即可食用，記得不要煮過長的時間，否則會讓花椰菜失去翠綠誘人的顏色。

紫甘藍〔紫椰菜〕▶

富含多種維生素，對高血壓患者有很好的保健作用；口感爽脆，富含膳食纖維，容易產生飽足感並且有助於腸道蠕動；富含的花青素也有保護視力、抗癌的效果。

洋蔥 ▲

洋蔥是帶有辛辣和甜香的食材，市售紫皮洋蔥的風味相對白皮洋蔥而言更濃郁，營養價值也稍高。

聖女番茄〔車厘茄〕▲

近年來大熱的食材，既屬於蔬菜也屬於水果，它富含的番茄紅素可以有效抗衰老、抗氧化，對調節人體的免疫力很有幫助。

甜椒 ▼

甜椒是水分含量高，聞起來有瓜果香且顏色鮮豔的食蔬，富含維生素C及微量元素，不僅有助於改善黑斑及雀斑，還有消暑、預防感冒和促進血液循環等功效。

番茄 ▲

番茄是很常見的美味食材，其熱情洋溢的大紅色，酸甜清香的口感，使得番茄切塊或做成醬加入沙拉中都是很不錯的選擇。

櫛瓜〔意大利青瓜〕▶

櫛瓜含有豐富的維生素C，同時鈣的含量也較高。

苦菊 ▶

苦菊可以有效強化腸道功能，其富含的胺基酸有降低膽固醇的作用。

肉蛋類

培根〔煙肉〕▼

培根是歐美國家的高人氣食材，帶有較濃厚的煙燻味，均勻分布的油脂滑而不膩，鹹度適中，風味十足。但是建議不要長期過度食用。

雞蛋 ▲

富含人體所需蛋白質並具有良好飽足感的常見食材，煎制或水煮都是很好的選擇。

牛肉 ▼

牛肉是人體所需優質蛋白質的來源之一，與其他肉類相比，牛肉含有豐富的鐵，是補血、增肌減脂的良好食材。建議選用牛排或牛里脊，肉質更加鮮嫩。

雞肉 ▲

斷食日的優選食材，它熱量低，富含優質蛋白質。對於雞肉而言，雞胸是脂肪含量最少的，雞腿則味濃鮮嫩多汁一些。

26

調味類

泰椒 ▶
色澤紅豔的小辣椒，辣度比較高，少量用於調味和裝飾都是不錯的選擇。

俄式酸黃瓜 ▲
爽脆微酸的俄式酸黃瓜非常適合在味道本身比較清淡的沙拉中提味。用番茄做成的番茄酸黃瓜沙拉也很受歡迎。

大蒜 ▲
調製中式沙拉醬汁常用的食材，氣味略辛辣，稍有刺激，少量使用可以達到很好的中式風味。

黑胡椒 ▲
辛辣鮮香的黑胡椒是製作沙拉常用的調味料，建議使用現磨的黑胡椒，因其香氣保留得更加完好。

海鹽 ▼
適量鹽分的加入可以讓沙拉醬汁和食材的味道更鮮。

魚露 ▲
發酵而成的魚露帶有鹹鮮味，呈琥珀色，是東南亞風情料理及海鮮食材的常見調味料。

橄欖油 ▲
橄欖油是由新鮮的油橄欖果實直接冷榨而成的，未經加熱和化學處理，保留了天然營養成分。

檸檬 ▲
豐富的維生素C、誘人的香氣、清新的酸味等，都讓檸檬變成了沙拉裡常用的調味和裝飾食材。

巴薩米克醋 ▶
又稱義大利香醋，用葡萄釀造而成，釀造時間越長其香氣和味道越好。

義式香草 ▲
混合百里香、奧勒岡葉、羅勒等多種香草，其複合的香味能提升更多食材的味道。

主食類

吐司〔方包〕▶

常見的麵包種類，加少量
橄欖油和其他香料烤
至金黃，香酥的口
感加在沙拉裡是
不錯的選擇。

即食燕麥 ▲

富含膳食纖維，能促進腸胃蠕動，
利於排便。與優酪乳、牛奶以及水
果等都是很好的搭配。

三色藜麥 ▲

近年大熱的優質食材，易熟易消
化，口感獨特，有淡淡的堅果清香
或人參香。

鷹嘴豆 ▲

蛋白質含量比一般豆類高很多，
易讓人有飽足感，完全可以充當
脂飲食中的主食來源。

糙米 ▲

與普通白米相比，糙米的維生素、
礦物質與膳食纖維的含量更豐富，
口感也更加獨特。

紫米 ▲

蒸熟後有軟糯的口感和怡人的清
香，營養價值和藥用價值都比較
高。

各式義大利麵 ◀

用高密度、高蛋白質
高筋度的杜蘭小麥
制作的義大利麵是
有口感又耐煮的
物，非常適合
於制作蔬菜
量豐富的
拉。

歐式麵包 ▲

低油低糖的歐式麵包是低脂食材的良
好選擇，麥香味濃，口感豐富，搭配
時蔬或蘸濃湯等都不錯。

海鮮類

鮭魚〔三文魚〕▼

鮭魚含有豐富的蛋白質和不飽和脂肪酸，有補腦、降血脂、調節人體免疫力的功效，是西餐較常用的魚類食材。

鱈魚 ▼

鱈魚肉味鮮美、營養豐富，所含的蛋白質比鮭魚、鯧魚、鰤魚、白帶魚都高，而所含脂肪只有0.5%。除了富含普通魚類中所含的DHA、DPA外，還含有人體所必需的多種維生素。

鮮蝦 ▲

鮮蝦的營養價值很高，能調節人體的免疫力。其中，海蝦含有的脂肪酸，能使人長時間保持精力集中；明蝦、對蝦含大量的維生素B_{12}，同時富含鋅、碘和硒，而熱量和脂肪較低。

魷魚 ◄

魷魚富含鈣、磷、鐵，利於骨骼發育；魷魚除富含蛋白質外，還含有大量的牛黃酸，可控制血液中的膽固醇含量，緩解疲勞，恢復視力，改善肝臟功能。

墨魚 ▲

墨魚富有口感，味道鮮美，具有養血、通經的功效，是適合女性食用的理想食材。

沙拉醬汁是沙拉的靈魂

　　食材的新鮮度最大程度地決定了沙拉的口感，但是完全吃不加任何調味料的食材，總會讓人覺得食之無味或無法對沙拉產生喜愛，那麼為了讓沙拉在味覺上更加出色，接下來就為大家介紹沙拉的點睛之筆——沙拉醬汁。

　　不同口味的沙拉醬汁適合不同食材搭配製作的沙拉，雖然沙拉醬汁的做法普遍簡單，但製作中的學問也不少，在正式介紹單一沙拉醬汁的配方和做法之前，先來看看沙拉醬汁的製作和保存要點吧！

美味關鍵：

1・沙拉醬汁建議提前做好備用，以便各種調味料可以有時間充分散發出香氣並更好地融合在一起。當然，沙拉醬汁不宜常溫存放太久，所以如果沙拉的製作時間較長，醬汁可以先冷藏備用，一般沙拉醬汁的存放時間為3～36小時，加了香草的沙拉醬汁則建議及時冷藏以確保香味的貯存。

2・製作沙拉醬汁的順序：先放除去鹽、糖以外的粉末狀食材；然後加入除去酸味食材和油的其餘液體食材；接著添加鹽或糖；最後加入酸味食材和油。

3・製作沙拉醬汁的時候，建議按照上面順序加入後拌勻，以便沙拉醬汁風味可以更好地顯現。如果需要用攪拌機打碎，那麼應該先把除去油之外的所有食材攪打均勻，再加入油拌勻即可。

4・在有堅果和肉類的沙拉裡，為了更健康、低脂，可以減少油的用量；同樣，在使用了甜味食材（如甜味水果、甜菜根等）的沙拉中，可以減少糖的用量。

5・沙拉醬汁不建議一次全部加入沙拉中，醬汁中的鹽分會導致蔬菜脫水過快而失去爽脆的口感，可以選擇先加入2/3的沙拉醬汁，剩下的則邊吃邊添加。

6・本書所有的配方都是按照大眾口味進行調配的，但是因為口味因人而異，建議大家在製作的過程中，邊嘗邊調味，製作出更適合自己喜好的沙拉醬汁。

低卡經典西式沙拉醬汁

醬汁對於沙拉達到至關重要的作用，甚至可以決定一道沙拉的成敗，本書介紹的7款西式醬汁全部為經典又基礎的醬汁，特別注重口味的濃郁和健康低脂。

低卡蛋黃醬

說起西式沙拉醬汁，蛋黃醬是不是在你腦海裡第一個出現的呢？蛋黃醬擁有順滑香濃的口感，可以跟食材完美地融合，因此備受大眾喜愛，但是傳統的蛋黃醬的確是一個高油高糖高熱量的食物，所以為了更健康，接下來為大家介紹一款低卡蛋黃醬的做法。

食材

低糖低脂優酪乳〔乳酪〕35 克 　煮熟的蛋黃 10 克 　第戎芥末醬 2 克

檸檬汁 2 克 　　　黑胡椒碎 1 克

做法

1. 黑胡椒碎加入優酪乳中攪拌均勻。
2. 加入第戎芥末醬攪拌均勻。
3. 將煮熟的蛋黃碾碎，跟前兩個步驟的混合物混合攪拌到無顆粒即可。
4. 最後加入檸檬汁攪拌均勻即完成。

> **tips**
> 這是與經典蛋黃醬口感差異不大的一款較為低脂低熱量的沙拉醬哦！記得選擇低糖、低脂且濃稠的優酪乳。

番茄酸黃瓜醬

番茄和酸黃瓜的搭配可以說是
毫無違和感，酸甜的番茄醬與
帶有獨特香氣的酸黃瓜做為主
食材，再搭配清新的點睛之筆
──青椒碎，配合甜辣醬和洋
蔥的鮮辣清香，清爽開胃的沙
拉醬即完成。

食材

番茄丁 30 克

俄式酸黃瓜碎 15 克

青椒碎 10 克

洋蔥末 5 克

檸檬汁 5 克

甜辣醬 5 克

紅酒醋 20 克

tips

這款沙拉醬做為搭配三明
治或漢堡的醬汁也是很好
的選擇。

做法

1. 番茄丁、俄式酸黃瓜碎、青椒碎混合攪拌均勻。
2. 加入洋蔥末以及甜辣醬攪拌均勻。
3. 最後加入檸檬汁和紅酒醋拌勻即可。

蜂蜜芥末醬

與青芥末鮮明的辣不同，第戎芥末醬能給人帶來更加溫和醇厚的味覺體驗，與蜂蜜的搭配也是相當美味，相信你一定會覺得它似曾相識，也期待你和我一樣地喜愛它。

食材

第戎芥末醬 8 克

橄欖油 5 克

蜂蜜 10 克

檸檬汁 5 克

黑胡椒碎 1 克

tips

建議選擇顆粒稍粗一些的黑胡椒碎，做出來的醬會更美味。

做法

1. 黑胡椒碎、蜂蜜、第戎芥末醬攪拌均勻。
2. 再加入檸檬汁略微攪拌。
3. 最後加入橄欖油攪勻，略微酸甜的蜂蜜芥末醬即完成。

橄欖油黑椒汁

很多肉類食材跟黑胡椒的香氣都能融合在一起，特別是牛肉和雞肉因為黑胡椒的加入而更加鮮美。同樣，一些蔬菜如南瓜、馬鈴薯等，加入黑胡椒後也會讓人食慾大增。這款黑胡椒醬汁使用了少量的橄欖油和蠔油，在低脂的前提下可以給人更好的味覺體驗。

食材

橄欖油 10 克

洋蔥末 15 克

蒜末 5 克

黑胡椒碎 5 克

醬油 10 克

蠔油 15 克

白糖 1 克

純淨水少量

tips

選擇顆粒較粗的黑胡椒碎口感更佳。

做法

1. 鍋中倒入橄欖油，炒香洋蔥末和蒜末。
2. 加入黑胡椒碎繼續翻炒出香味。
3. 最後加入醬油、蠔油、白糖和少量純淨水，煮到醬汁濃稠即可。

紅酒洋蔥醬

這是一款融入了紅酒的沙拉
醬，有了紅酒的存在，洋蔥的
辛辣味就不那麼凸顯了。誘人
的暗紅色和酸甜清香的氣息讓
人更加有食慾。這款沙拉醬口
味偏成熟，更適合安逸寧靜的
傍晚享用。

食材

紅酒 20 克

第戎芥末醬 5 克

巴薩米克醋 15 克

洋蔥末 30 克

黑胡椒粉 3 克

橄欖油 5 克

鹽適量

tips

洋蔥末盡量切細碎一些，
更有助於香氣的散發，同
時還確保了沙拉醬的口
感。

做法

1. 將紅酒、黑胡椒粉以及第戎芥末醬攪拌均勻。
2. 加入洋蔥末和鹽攪拌均勻。
3. 然後加入巴薩米克醋混合均勻。
4. 最後加入橄欖油攪拌均勻即可。

普羅旺斯沙拉汁

在巴薩米克醋和橄欖油的基底
裡添加香氣濃郁的法式香草，
讓普羅旺斯沙拉汁的氣息帶給
你片刻的寧靜與放鬆吧！雖然
沒有去到真實的普羅旺斯，也
沒有真的走在艾菲爾鐵塔下，
用美食來獲得片刻的法式浪
漫，也是在嘈雜生活中的一種
享受。

食材

檸檬汁 3 克

巴薩米克醋 20 克

橄欖油 5 克

黑胡椒粉 1 克

法式香草 2 克

蒜末 5 克

番茄丁 15 克

鹽適量

tips

蒜末和番茄丁盡可能切得
小一些，沙拉汁給人的味
覺體驗更好。

做法

1. 黑胡椒粉、法式香草、番茄丁混合拌勻。
2. 加入蒜末以及鹽攪勻。
3. 倒入巴薩米克醋和檸檬汁攪勻。
4. 最後加入橄欖油混合均勻即可。

香草油醋汁

巴薩米克醋、各種香草與黑胡椒相搭配，簡單的做法也可以獲得百搭的沙拉汁。香草油醋汁的熱量相對較低，為了更加低卡的飲食，建議不要再增加油脂的用量！

食材

羅勒碎 1 克

奧勒岡葉碎 1 克

黑胡椒碎 1 克

香芹碎 1 克

洋蔥末 5 克

巴薩米克醋 30 克

橄欖油 10 克

純淨水 10 克

tips
> 要遵守先放香草類粉狀食材，加入純淨水，再放入提味食材洋蔥末，之後加入巴薩米克醋，最後加入橄欖油的順序。

做法

1. 首先加入粉末狀的羅勒碎、奧勒岡葉碎、黑胡椒碎以及香芹碎。
2. 加入純淨水稍微攪拌。
3. 加入洋蔥末、巴薩米克醋。
4. 最後加入橄欖油攪拌均勻即可。

日式沙拉醬擁有日本文化中沉靜內斂的氣息，就算沒有豔麗的色彩、華麗豐富的食材，也同樣能讓人回味再三、流連忘返。

和風芝麻醬

日式醬油和炒香的白芝麻搭配總是讓人感覺溫和又舒服，這款醬汁適合搭配簡單新鮮的食材，可以讓人感受到食材的本味，尤其是其中的洋蔥讓整個醬汁有了明顯的味覺提升，一起來試試吧！

食材

炒香的白芝麻
8克

芝麻醬 8 克

香油 5 克

日式醬油 10 克

檸檬汁 3 克

洋蔥碎 10 克

做法

1. 日式醬油中加入炒香的白芝麻、芝麻醬拌勻。
2. 加入檸檬汁、洋蔥碎繼續拌勻。
3. 最後加入香油混合均勻即可。

tips

白芝麻記得一定要炒香後使用，不然香氣會損失很多。

經典照燒汁

源於日本傳統做法的照燒汁味道醇厚、色澤明亮，且所有的食材原料都很常見。用這款醬汁搭配肉類和主食類都是很好的選擇。

食材

洋蔥絲 50 克

醬油 25 克

蒜片 5 克

蠔油 10 克

料理米酒 10 克

鹽適量

純淨水 1 小碗

沙拉油 5 克

白糖 15 克

tips

照燒汁燉煮到比濃醬油略濃稠的程度即可，太稀不容易掛在食材上，太濃又口味過重。

做法

1. 鍋中放 5 克沙拉油燒熱，炒香洋蔥絲和蒜片。
2. 倒入料理米酒、醬油、蠔油翻炒。
3. 加入純淨水、白糖和鹽，邊煮邊調味，直至湯汁濃厚即可出鍋。

咖哩醬

日式咖哩相對於其他種類的咖哩來說，給人的口感和味覺體驗都更加柔和濃郁。選用日式咖哩粉來製作這樣一款濃郁醇厚的沙拉醬搭配蔬菜、肉類等食材，每一口都能讓人感到溫和又滿足。

食材

日式咖哩粉 10 克

牛奶 30 克

檸檬汁 5 克

洋蔥末 15 克

鹽適量

做法

1. 日式咖哩粉混合牛奶攪拌均勻。
2. 加入鹽和洋蔥末拌勻。
3. 最後滴入檸檬汁即可。

tips
咖哩粉的品質直接決定沙拉醬最終口感的好壞。

除了西式和日式的常見沙拉醬汁，我們也可以搭配出中式風情的沙拉醬汁。豆豉、香菜、蠔油等元素都是很中式的食材，搭配在一起嘗試一下新的體驗吧！

豆豉蠔油醬

豆豉是中式烹飪中常用的調味料，和蠔油的搭配可以讓沙拉醬變得更加鮮美溫和，香菜和小米椒的添加也讓整個沙拉醬的味覺體驗更豐富。

食材

豆豉 20 克

蠔油 10 克

橄欖油 5 克

小米椒碎 3 克

蒜末 5 克

醬油 5 克

香菜末〔芫茜末〕
5 克

做法

1. 小米椒碎、蒜末、香菜末和醬油混合攪拌均勻。
2. 加入剁碎的豆豉和蠔油，攪拌均勻。
3. 最後滴入橄欖油即可。

tips

香菜末和小米椒碎可以根據自己的口味靈活添加。

香辣紅醋醬

酸辣的口感能讓人食慾大開，特別適合夏天或覺得沙拉過於清淡時食用，同時也適合本書中所有的中式沙拉。

食材

小米椒碎 3 克

小蔥末 5 克

蒜末 3 克

紅醋 20 克

白糖 2 克

橄欖油 8 克

香菜末 5 克

tips

小米椒碎的量可以根據個人口味適當調整，香菜末切細碎一些口感更佳。

做法

1. 小米椒碎、小蔥末、香菜末和蒜末混合均勻。
2. 加入白糖和紅醋攪拌均勻。
3. 最後加入橄欖油混合均勻即可。

中式酸辣汁

炒香的白芝麻、花椒油、蒸魚
豉油等都是中式料理中常見的
調味料，用適合的比例混合調
製即可得到酸辣可口的中式酸
辣汁，這款爽口開胃的沙拉汁
一定不能錯過。

食材

花椒油 10 克

陳醋 15 克

炒香的白芝麻 3 克

蒜末 5 克

小蔥末 8 克

蠔油 8 克

泰椒碎 3 克

蒸魚豉油 10 克

小米椒碎 3 克

tips

白芝麻炒香後再食用，味
道更佳。

做法

1. 小米椒碎、泰椒碎、小蔥末和蒜末混合均勻。
2. 加入蒸魚豉油、蠔油和陳醋攪拌均勻。
3. 最後加入炒香的白芝麻和花椒油攪勻即可。

嘗試過西式醬汁的濃郁、日式醬汁的醇厚、中式醬汁的清爽，現在來體驗一下東南亞醬料的香辣酸爽吧！以下這款魚露酸辣汁為典型的泰式醬汁。

魚露酸辣汁

魚露和檸檬的香氣，讓人閉上眼睛彷彿置身於泰國夏日陽光明媚的海灘，青椒、紅椒的加入讓沙拉醬汁在鮮味的基礎上添了一份辣意，無論配肉類還是海鮮類的沙拉，都別有一番滋味。

食材

魚露 15 克　　甜辣醬 20 克　　檸檬汁 10 克

紅椒碎 10 克　　青椒碎 10 克　　洋蔥碎 10 克

做法

1. 洋蔥碎、青椒碎和紅椒碎混合甜辣醬攪拌均勻。
2. 加入魚露混合均勻。
3. 最後加入檸檬汁攪勻即可。

tips
青椒、紅椒以及洋蔥切得細碎一些，口感更好。

Part 2

早安，蔬果汁

　　百香果的熱情、鳳梨的香甜、檸檬的
活力和黃瓜的水嫩……蔬菜和水果混合搭
配制作出的蔬果汁，不僅色彩明豔，還可
以帶你開啟充滿活力的一天。

蘋果柚子水梨汁

製作一杯淡淡鵝黃色的清甜果汁，讓蘋果的清香和柚子的活力帶你開啟新的一天吧！由於添加了柚子的原因，口感會略微帶一絲苦，這是很正常的現象，不用擔心。添加蘋果使得果汁氧化變色的速度加快，所以建議盡快飲用哦！

功效

柚子清香、酸甜，富含鉀且幾乎不含鈉，非常適合心腦血管病患者。蘋果能增加飽足感，促進腸道蠕動，進而有助於人體減肥，與生津潤燥、清熱化痰的水梨搭配食用再適合不過了。香甜的蘋果、水梨和酸甜微苦的柚子相結合的果汁，在熬夜或吃太多油膩辛辣後的早晨來一杯吧！

食材

蘋果 150 克

柚子 100 克

水梨 60 克

檸檬 15 克

冰水 120 克

做法

蘋果、水梨去皮去核，柚子去皮，檸檬去皮去籽，分別切塊，放入原汁機中，加冰水攪打成汁即可。

—— 營 養 小 學 堂 ——

這款果汁中的4種水果都含有豐富的維生素，維生素是維持人體健康所必需的有機化合物。例如，維生素A有助於維持人體免疫系統的正常；維生素B_2可以促進細胞的再生；維生素B_6幫助人體分解蛋白質、脂肪、碳水化合物……由於人體不能合成維生素或合成量極低，所以需要通過進食來供給。

tips

由於包裹柚子肉的那層白色膜不容易去除乾淨，為了減少果汁的苦味，建議使用可將果汁和果渣分離的原汁機來製作。

芒果鳳梨黃瓜汁

芒果和鳳梨的搭配，好像把清晨的自己帶進了活力滿滿的夏天，喝著新鮮果汁的你是否想起夏日假期在海邊曬太陽、吹海風的自己呢！用一杯熱情滿滿的黃色果汁開啟充滿能量的一天吧！添加一些塊狀的果肉口感會更好哦！

功效

芒果是常見的熱帶水果之一，它含有豐富的胡蘿蔔素、鉀等，除了具有防癌的功效外，同時也具有預防並輔助治療動脈硬化及高血壓的作用。同為熱帶水果的鳳梨不僅有滋養肌膚的作用，富含的鳳梨蛋白酶還可以促進腸胃蠕動。

食材

芒果 100 克

鳳梨 100 克

黃瓜 60 克

檸檬 15 克

冰水 120 克

做法

黃瓜洗淨，芒果去皮去核，鳳梨去皮，檸檬去皮去籽後，分別切成2公分的塊狀，與冰水一起放入原汁機或破壁機中製作即可。

—— 營 養 小 學 堂 ——

檸檬、芒果中的維生素C的含量都比較高。維生素C的作用很廣泛，除了可以促進人體對鐵元素的吸收，還能對體內一些重金屬離子達到解毒的作用，同時可以清除體內自由基，並在一定程度上預防癌症。

tips
鳳梨和黃瓜的膳食纖維含量很高，為了有更好的口感可以選擇用原汁機制作。

芒果鳳梨香蕉奶昔

充滿熱帶氣息的芒果鳳梨香蕉奶昔，擁有讓人感覺幸福安寧的鵝黃色，綿密濃厚又順滑的口感，能帶給你一整天的正能量！

功效

鳳梨具有清暑解渴、消食止瀉、補脾胃、益氣血、祛濕、養顏瘦身等功效，適合夏天食用。芒果的胡蘿蔔素含量特別高，有美容美顏的功效；它還是少數含蛋白質的水果，容易有飽足感。

主食材

芒果 100 克

鳳梨 100 克

香蕉 50 克

冰牛奶 100 克

裝飾食材

切片香蕉20克，切片鳳梨20克，藍莓3顆，百香果半顆，迷迭香適量。

做法

將芒果去皮去核，鳳梨去皮，香蕉去皮，切成2公分的塊狀，與冰牛奶一起放入破壁機中攪打即可，打好後先裝盤再用裝飾食材裝飾。

—— 營 養 小 學 堂 ——

胡蘿蔔素的種類有很多，其中，β-胡蘿蔔素可在人體內轉化為維生素A，在植物性食物中，甜椒、胡蘿蔔、番茄、芒果、菠菜等都富含可以轉化為維生素A的胡蘿蔔素，所以多食用這類食物對視覺功能的維持與保養都有良好的作用。

tips

芒果和香蕉等軟質水果建議先冷凍 1 小時，再放入破壁機中攪打成細膩順滑的奶昔，冰涼的口感更好。

蘋果雙瓜汁

這是一款很有食慾的黃綠色蔬果汁，充滿了清新的味道，哈密瓜的香甜裡融合著蘋果的清香和黃瓜的清新，讓這樣一杯明亮色彩的蔬果汁開啟你嶄新的一天吧！

功效

黃瓜有去熱利尿、清熱解毒的功效，並且帶有怡人的清香，加入哈密瓜和蘋果後，使得蔬果汁的營養更加豐富。

食材

蘋果 100 克

哈密瓜 120 克

黃瓜 50 克

檸檬 15 克

冰水 120 克

做法

蘋果洗淨去皮去核，哈密瓜洗淨去皮，檸檬洗淨、去皮去籽，黃瓜洗淨，將以上4種食材切成2公分的塊狀，與冰水一起放入破壁機或原汁機中製作即可。

—— 營 養 小 學 堂 ——

膳食纖維主要來源於植物性食物，有助於促進胃腸蠕動，預防便祕，也有調血糖、降血脂的功效。蘋果、香蕉、哈密瓜、柑橘等水果，豌豆、蠶豆、甜菜根等蔬菜，以及燕麥、糙米等糧穀類中都含有豐富的膳食纖維。

tips

哈密瓜和蘋果的膳食纖維含量大，可以選擇用原汁機制作。黃瓜的表皮所含的營養素同樣不少，所以不需要去皮，把表皮清洗乾淨後一起榨汁即可。

柳橙番茄水梨汁

像初生的朝陽跳出海岸線時的那一抹橘黃似的，這款果汁能給新的一天帶來希望。讓這樣一杯朝氣滿溢的蔬果汁在清晨跟你見面吧，它融入了番茄的紅豔和柳橙的甜香，能給人帶來一整個早晨的滿足。

功效

番茄含有一種重要的植物化學物——番茄紅素，它不僅可以幫助人體延緩衰老、抗氧化，也可降低人體罹患癌症和心臟病的風險。柳橙具有寬腸、理氣、化痰、消食、開胃、止咳等功效，番茄和柳橙搭配可以獲得更好的蔬果汁口感。

食材

柳橙 100 克

水梨 100 克

番茄 50 克

檸檬 15 克

冰水 100 克

做法

將柳橙、檸檬洗淨去皮去籽，水梨去皮去核，番茄洗淨、去皮，切成2公分的塊狀，與冰水一起放入破壁機或原汁機中製作即可（可用檸檬片裝飾及調味）。

—— 營 養 小 學 堂 ——

番茄紅素主要存在於茄科植物番茄的成熟果實中，它是目前在自然界的植物中被發現的強抗氧化劑之一，其清除自由基的功效遠勝於其他類胡蘿蔔素和維生素E，可以防治因衰老、免疫力下降引起的各種疾病。

tips

這款果汁口感酸甜清香，柳橙的味道和番茄融合得很好，也能給人較強的飽足感，適合在斷食日飲用。

葡萄柚蘋果石榴汁

典雅明快的玫紅色果汁融合了石榴的清爽、葡萄柚的酸甜以及蘋果的清香，
讓人聞著就已心情愉悅，有了它的早晨，心情也一定會充滿陽光。

功效

葡萄柚中含有豐富的維生素
C 以及可溶性膳食纖維，維
生素 C 可以促進人體對鐵的
吸收，還有助於清除體內自
由基；石榴具有生津止渴、
收斂固澀、止瀉止血的功
效。二者搭配在一起製作的
果汁顏色和口感都很誘人。

食材

葡萄柚 100 克

石榴 100 克

蘋果 100 克

檸檬 20 克

冰水 100 克

做法

將葡萄柚洗淨、去皮；蘋果洗淨、去皮去核；檸檬
洗淨、去皮去籽，切成2公分的塊狀；石榴洗淨，取
籽。將所有食材一起放入原汁機中製作即可。

—— 營 養 小 學 堂 ——

水果中，酸棗、紅棗、草莓、柑橘、檸檬等含有的維生素C較多。建議成年人每天攝取100毫
克維生素C，可耐受的最高攝取量為每天1000毫克。

tips

因為石榴有籽，所以建議使用原汁機來製作這款果汁。

奇異果黃瓜水梨汁

翠綠的奇異果、黃瓜和多汁清甜的水梨，攪打成細膩柔滑的蔬果汁，用這樣一杯洋溢著希望和活力的綠色蔬果汁，開啟一天的快樂生活吧！

功效

奇異果酸甜可口，其營養價值遠超過其他水果，它的維生素 C 含量大約是柳橙的 2 倍，因此被譽為「維生素 C 之王」。搭配多汁甘甜的水梨和清爽的黃瓜，這款果汁的口感如同其外觀一樣，清新怡人。

食材

奇異果 100 克

水梨 100 克

黃瓜 60 克

檸檬 20 克

冰水 120 克

做法

奇異果洗淨、去皮，水梨洗淨、去皮去核，檸檬洗淨、去皮去籽，將黃瓜洗淨，以上4種水果切2公分的塊狀，將所有食材一起放入榨汁機或破壁機中製作即可（可用黃瓜片及薄荷葉裝飾）。

—— 營 養 小 學 堂 ——

蔬菜中，辣椒、茼蒿、苦瓜、白菜、菠菜等食材中的維生素C含量較高，但是由於這些蔬菜中含有較多的氧化酶，會促使維生素C氧化破壞，因此這些蔬菜在儲存過程中，維生素C會有不同程度地流失。

tips
選擇用榨汁機或破壁機直接製作，可以得到濃郁清香的果昔，不建議使用原汁機。

芒果哈密瓜胡蘿蔔汁

芒果和哈密瓜充滿夏天的味道，胡蘿蔔的添加從色彩和營養層次上提升了整個蔬果汁的品質。嗨，早安，來一杯芒果哈密瓜胡蘿蔔汁吧！

功效

芒果富含胡蘿蔔素，是水果中較少見的，尤其適合素食者、身體抵抗力差者、膽固醇水準高者、長期對脂肪吸收不良者。胡蘿蔔含有大量胡蘿蔔素，可在人體內轉化成為維生素 A，對人體的視力有很好的保護功效。

食材

芒果 80 克

哈密瓜 100 克

胡蘿蔔 60 克

檸檬 20 克

冰水 100 克

做法

芒果洗淨、去皮去核，哈密瓜、胡蘿蔔洗淨、去皮，檸檬洗淨、去皮去籽，切2公分的塊狀，將所有食材放入榨汁機或原汁機或破壁機中製作即可。

—— 營 養 小 學 堂 ——

維生素A是人類發現的第一種維生素，在維持人的正常視覺功能、促進骨骼生長發育以及維持上皮組織細胞的健康方面達到很大的作用。維生素A在動物性食物中含量豐富，如動物肝臟、蛋黃等。植物性食物中幾乎不含維生素A，某些蔬果所含的胡蘿蔔素可在體內轉化成維生素A。

tips

選擇用榨汁機或破壁機直接製作，可以得到具有飽足感的果昔。使用原汁機可以得到清爽的蔬果汁。

蘋果鳳梨黃瓜汁

黃瓜的清香融合鳳梨的酸甜，再加入蘋果的醇香味道，這款顏色清爽的蔬果汁做為早餐再好不過。

功效

黃瓜味甘、甜，性涼、苦，具有利水利尿、清熱解毒的功效，常吃還有助於減肥。黃瓜中所含的大量維生素 B 群和電解質，能緩解酒後不適。如果你在前一晚宿醉，第二天的早晨來一杯奇異果芒果黃瓜汁再合適不過了。

食材

蘋果 80 克

鳳梨 100 克

黃瓜 100 克

檸檬 20 克

冰水 120 克

做法

蘋果洗淨、去皮去核，鳳梨洗淨、去皮，檸檬洗淨、去皮去籽，黃瓜洗淨，以上4種食材切2公分的塊狀，將所有食材放入原汁機或破壁機中製作即可。

—— 營 養 小 學 堂 ——

維生素B群是人體組織必不可少的營養素，如維生素B$_1$能促進胃腸蠕動，維生素B$_2$能促進細胞的正常生長。

葡萄藍莓番茄汁

濃濃的漿果色蔬果汁仿佛訴說著森林裡奇妙的故事。絳紫的葡萄、藍黑的藍莓搭配紅豔多汁的番茄,一起演繹出了這樣一杯充滿戲劇色彩的蔬果汁,選一個慵懶的早晨細細品味吧!

功效

紫色葡萄中含有較多的花青素,它具有較強的抗血管硬化的作用,同樣也有很好的抗氧化作用。香甜的葡萄、營養價值很高的藍莓搭配多汁的番茄和黃瓜,看似簡單的一杯果汁裡有大大的營養學問。

食材

紫色葡萄 150 克

藍莓 30 克

番茄 50 克

黃瓜 50 克

冰水 100 克

做法

將紫色葡萄洗淨、去籽;藍莓洗淨;番茄、黃瓜洗淨,切2公分的塊狀。將所有食材一起放入破壁機或原汁機中製作即可。

—— 營 養 小 學 堂 ——

花青素是自然界中廣泛存在於植物中的水溶性天然色素,屬於生物類黃酮物質,它是當今人類發現的強抗氧化劑之一。紫薯、紫色葡萄、血橙、紫甘藍、藍莓、紅莓、桑椹等食物中均含有豐富的花青素。

tips

由於葡萄皮帶有酸澀味,使用原汁機可以得到口感更佳的蔬果汁。

胡蘿蔔蘋果番茄汁

用簡單易得的食材做一杯入門級的蔬果汁吧？選用爽脆的胡蘿蔔和紅豔多汁的聖女番茄來做基底，搭配清爽鮮甜的蘋果，試試這杯蔬果汁，相信你會愛上它。

功效

胡蘿蔔富含的胡蘿蔔素，番茄富含的番茄紅素都是人體所需的優質營養成分，蘋果的甜香可以很好地調節這款蔬果汁的口感。

食材

蘋果 150 克

胡蘿蔔 50 克

聖女番茄 50 克

冰水 120 克

做法

將蘋果洗淨、去皮去核；胡蘿蔔洗淨、去皮，切成2公分的塊狀；聖女番茄洗淨，對半切開。將所有食材一起放入榨汁機或破壁機中製作即可（可用檸檬片和薄荷葉裝飾）。

—— 營 養 小 學 堂 ——

蔬菜、水果中含有豐富的維生素和膳食纖維，並且大多數均可溶於水，所以為了最大程度地保留這些營養物質，建議在處理蔬菜、水果的時候先洗後切，並且避免洗好的蔬菜、水果放置太久而導致維生素被氧化，同樣不要讓切好的蔬果浸泡在水中過長時間。

`tips`
此頁中的食材更適合直接用破壁機或榨汁機做成斷食日具有飽足感的香濃蔬果汁。

火龍果香蕉奶昔

這款奶昔是這本書裡顏色最豔麗的一款，嬌豔的玫紅色中洋溢著清甜的蔬果香，如果你需要能量滿滿的早晨，不如就用它來開啟這一天吧！

功效

紅心火龍果中所含的黏膠狀植物性蛋白，在人體內遇到重金屬離子，會快速將其包圍，進而避免腸道吸收這些重金屬離子，直至排出體外，這在一般水果中是較少見的。當然，火龍果清甜的口感也是本款果汁吸引人的地方。

食材

紅心火龍果 100 克

香蕉 100 克

冰牛奶 100 克

裝飾食材

切片香蕉20克，樹莓〔紅桑子〕1顆，黑莓1顆，藍莓5顆，奇亞籽5克，杏仁片適量。

做法

火龍果和香蕉去皮，切2公分的塊狀，與冰牛奶一起放入破壁機中攪打，攪打好後倒入盤中，然後用裝飾食材進行裝飾即可。

—— 營 養 小 學 堂 ——

植物性蛋白質在火龍果中的含量要遠高於其他的蔬果，這種有活性的蛋白質會自動與人體內的重金屬離子結合，透過排泄系統排出體外，從而達到排毒作用，同時對胃壁也有保護作用。

tips

火龍果和香蕉等軟質水果建議先冷凍 1 小時，再放入破壁機中攪打成細膩順滑的奶昔，冰涼的口感更佳。奇亞籽有很強的吸水性，拌入奶昔中吸水後會有不一樣的口感。

百香芒果水梨汁

百香果和芒果的搭配是再夏天不過啦。這款橙黃色果汁充滿活力與熱情，它酸甜的口感，能讓你的清晨充滿陽光的味道。

功效

百香果含有豐富的維生素、膳食纖維和蛋白質等對人體非常有益的元素，而且口感跟香味都美到極致；水梨可以清肺潤燥，這是很適合夏天飲用的一款果汁。

食材

芒果 100 克

百香果 1 個

水梨 100 克

冰水 120 克

做法

將芒果、水梨去皮去核、洗淨，切成2公分的塊狀，再將芒果塊、水梨塊和冰水一起加入破壁機或原汁機中製作，最後加入百香果肉，拌勻即可飲用（可用薄荷葉裝飾）。

—— 營 養 小 學 堂 ——

通常人體每天所排出的尿量約1500毫升，而人體在食物中和新陳代謝中所補充的水分約1000毫升，新陳代謝中所產生的水分主要是蛋白質、脂肪和碳水化合物代謝過程中的產物。所以，我們才需要額外補充水分。

tips

用破壁機或榨汁機製作可保留果肉纖維，喝到綿密濃厚的果汁。用原汁機製作時會去除纖維，口感比較清爽。百香果的果肉最後再加，攪拌均勻即可。

草莓香蕉奶昔

這款奶昔可以讓杯子的外壁呈現高顏值，非常適合在慵懶的週末早晨打上一杯來賞心悅目。記得貼在杯壁上的水果要切得盡量薄，才更容易吸附在上面哦！

功效

草莓中含有豐富的維生素C，可與金屬離子結合由尿中排出體外。與香蕉一起製作的奶昔，富含膳食纖維，可促進胃腸道的蠕動，幫助改善便祕，預防痤瘡、腸癌的發生。

食材

草莓 80 克

香蕉 80 克

冰牛奶 100 克

檸檬 20 克

做法

草莓洗淨、去蒂，香蕉去皮，檸檬去皮去籽。先將草莓、香蕉分別切3～5片薄片，貼附在杯子內壁上；再將香蕉切成2公分的塊狀，所有食材放入破壁機中攪打均勻，倒入杯中即可（可用迷迭香裝飾）。

—— 營 養 小 學 堂 ——

香蕉富含人體所需礦物質鉀和鎂，鉀在人體中有至關重要的作用，包括可以降低血壓、維持心肌正常功能等；鎂在人體中可以維護骨骼生長、腸道和神經肌肉的正常功能。

tips

草莓和香蕉事先冷凍 1 小時，口感會更好哦！

莓果滿滿奶昔

這款混合莓果香氣的紫羅蘭色濃厚奶昔，能在炎熱的夏季清晨帶給你滿滿的幸福感。

功效

黑莓富含花青素、硒、鞣花酸和類黃酮等高效抗氧化活性物質，因此被歐美國家讚譽為「生命之果」；藍莓富含花青素，能夠預防近視，緩解眼球疲勞，是世界糧農組織推薦的五大健康水果之一。樹莓〔紅桑子〕所含的各種營養成分易被人體吸收，能夠促進人體對其他營養物質的吸收和消化，可改善新陳代謝，增強抗病能力。

食材

草莓 50 克

黑莓 30 克

藍莓 60 克

樹莓 30 克

冰牛奶 100 克

檸檬 15 克

裝飾食材

黑莓1顆，藍莓2顆，樹莓1顆，椰蓉適量，迷迭香適量。

做法

草莓去蒂、洗淨；檸檬洗淨，去皮去籽；黑莓、藍莓、樹莓洗淨。將所有食材一起加入破壁機中攪打均勻後倒入杯中，再用裝飾食材裝飾即可。

—— 營養小學堂 ——

在黑莓、藍莓以及樹莓中富含的鞣花酸不僅有很好的抗氧化功能，同樣還對誘導癌變的化學物質有明顯的抑制作用，特別是對結腸癌、食管癌、肝癌、肺癌，以及舌和皮膚腫瘤等癌變有很好的抑制作用。

tips
草莓、黑莓、樹莓以及藍莓事先冷凍 1 小時再和冰牛奶攪打，口感更佳！

酪梨奇異果奶昔

蔬果汁整體的獨特香氣和嫩綠色彩都讓整個奶昔充滿了希望的氣息。簡單裝飾上切片的香蕉、帶霜的藍莓和奇亞籽，不管從營養還是口感亦或顏值來看，都是很棒的一款奶昔！

功效

酪梨是一種營養價值很高的水果，含多種維生素、脂肪酸、蛋白質和鈉、鉀、鎂、鈣等元素，營養價值可與奶油媲美，因此有「森林奶油」的美稱。奇異果含有豐富的礦物質，包括鈣、磷、鐵，還含有胡蘿蔔素和多種維生素，同樣也是對人體非常有益的水果。

食材

酪梨 50 克　　　　香蕉 80 克　　　　奇異果 100 克

冰牛奶 100 克

裝飾食材

奇亞籽5克，切片香蕉20克，藍莓3顆，杏仁片適量，迷迭香少許。

做法

將酪梨去皮、去核，香蕉、奇異果去皮，將以上3種食材切成2公分的塊狀，再將所有主食材一起放入破壁機中攪打均勻即可，最後倒入盤中，再用裝飾食材裝飾。奇異果、香蕉和優酪乳的搭配，很好地彌補了酪梨口味清淡的問題。

── 營 養 小 學 堂 ──

奇亞籽是薄荷類植物芡歐鼠尾草的種子，原產地為墨西哥南部和瓜地馬拉等北美洲地區，富含多種抗氧化活性成分。另外，每100克奇亞籽含膳食纖維30～40克，達到了成人每天膳食纖維的推薦食用量。

tips

香蕉冷凍後再製作，口感更佳，記得選擇低糖的優酪乳，因為香蕉和奇異果已經帶有甜味。

Part 3

午安，梅森瓶沙拉

　　了解一些色彩繽紛的蔬果汁後，就來嘗試製作一些可做為正餐的沙拉吧！上班的你在辦公室切菜一定很不方便，所以我們先來看看便於攜帶，又能提前製作好且易保存的梅森瓶沙拉吧！

　　多彩的食材層層疊疊放入透明的梅森瓶中，這樣一罐高顏值低熱量的午餐讓你在忙碌的一天中，可以攝取到豐富的營養。別看小小一瓶沙拉，放入食材的順序和準備的細節都是很有講究的哦！現在，我們就開始製作吧！

梅森瓶沙拉的製作技巧

✗ 梅森瓶沙拉的保存

　　一般梅森瓶沙拉建議密封後放入冰箱保存，可以儲存3～5天的時間，但是因為有新鮮的蔬菜在其中，加上沙拉並不是醃製品，所以還是建議做好後儘早食用。上班族提前一晚做好沙拉保存在冰箱中，第二天帶去公司食用是完全沒有問題的。

　　當然，書中之前提到沙拉醬會導致一些蔬菜因滲透壓的原因脫水，並且現做的沙拉醬汁的保存時間是3～36小時，所以建議大家，如果梅森瓶沙拉的儲藏時間超過沙拉醬汁的保存時間，就不要在梅森瓶裡加入沙拉醬汁一起保存。

✗ 梅森瓶沙拉的罐裝順序

　　在製作梅森瓶沙拉時應該最先放入沙拉醬汁，因為沙拉醬汁是液體或膏狀的，放在上層容易向下滲透，直接放在底層才可以降低沙拉醬汁對食材口感的影響。食用的時候，搖晃梅森瓶，使醬汁與食材混合均勻即可。

　　當然也可以將沙拉醬汁用另外的容器盛裝，以便最大程度地保持食材的新鮮與口感。食用時，再將醬汁倒入梅森瓶中，搖晃瓶身，使醬汁與食材混合均勻。

　　之後建議放入塊狀不易出水的食材，因為如果將塊狀較重的食材放在頂部，下層受到擠壓的蔬菜便會出汁脫水，失去爽脆新鮮的口感。遵守這些原則，我們就可以開始製作高顏值的梅森瓶沙拉啦！

　　以下我們以這款香煎雞胸馬鈴薯沙拉為例，來了解一下梅森瓶沙拉的罐裝順序。

1. 先在瓶底裝入普羅旺斯沙拉汁（製作步驟見36頁）。由於馬鈴薯是不易出汁的塊狀食材，因此將煮熟的馬鈴薯塊最先放入底部。

2. 放入煮熟的紅腰
   豆。

3. 繼續放入煎熟
   並冷卻後的雞
   胸肉塊。

4. 將雞蛋煮熟後
   剝殼切塊，放
   在雞胸肉塊的
   上層。

5. 繼續放入聖女
   番茄塊。

6. 最後，放入生菜，蓋上瓶蓋
   即可。

✂ 梅森瓶的清洗與消毒

使用新的梅森瓶之前一定要對其進行有效地消毒，這裡給大家
介紹兩種消毒方法，一種乾淨徹底，一種簡潔快速。

1．煮沸消毒

鍋中放入冷水，梅森瓶口朝下放入鍋中，開中火煮滾後繼續煮5
分鐘關火撈出，並把瓶子倒扣於乾淨的廚房紙巾上自然晾乾即可。
注意千萬不要水煮滾後再放入梅森瓶，以免導致梅森瓶炸裂。

2．酒精消毒

如果鍋不夠深或不夠大，可以選擇用乾淨的廚房紙巾沾取35%以
上的白酒或醫用酒精，將瓶子內外擦拭一遍以達到消毒的作用。

配咖哩醬（見 40 頁）

咖哩鮮蝦義麵沙拉

這是一款非常適合罐裝保存的沙拉，因為添加了義大利麵而讓整個沙拉更具飽足感。煮好的義大利麵與咖哩醬混合，吸滿醬汁的義大利麵一定會是你所愛的食物。

貝殼義大利麵（未煮）35 克

胡蘿蔔 50 克

豌豆 50 克

甜玉米粒 50 克

馬鈴薯 75 克

鮮蝦 6 隻

聖女番茄 60 克

生菜 50 克

煮熟的雞蛋半顆

✗ 配料

香芹碎 1 小撮

橄欖油 8 克

1. 馬鈴薯洗淨、去皮，切成1.5公分的塊狀，煮熟後撈出備用。

2. 義大利麵煮熟後撈出，加入3克橄欖油拌勻。

3. 胡蘿蔔去皮、洗淨，切三角狀塊。鍋中放5克橄欖油，煎熟胡蘿蔔塊。

4. 豌豆和甜玉米粒洗淨，煮熟後撈出備用。

5. 鮮蝦洗淨，煮熟後去頭、去殼備用。

6. 聖女番茄洗淨，對半切開後備用。

7. 生菜洗淨，切成適合入口的大小即可。按照咖哩醬、義大利麵、馬鈴薯、豌豆、甜玉米粒、鮮蝦、聖女番茄、胡蘿蔔、雞蛋、生菜的順序進行裝瓶，撒上香芹碎即可。

功效

義大利麵是被大家熟知的低升糖指數食物，非常適合減脂一族食用。在沙拉中添加了玉米粒、豌豆以及胡蘿蔔，不僅確保了人體所需的膳食纖維，也增加了飽足感，同時鮮蝦提供了人體所需的優質蛋白質，這樣一罐低卡、高飽足感又營養豐富的沙拉非常適合工作強度大又要保持身材的上班族食用。

── 營 養 小 學 堂 ──

升糖指數GI全稱為「血糖生成指數」，它是反映食物引起人體血糖升高程度的指標。不同的食物有不同的升糖指數，通常把葡萄糖的血糖生成指數定為100，升糖指數＞77為高升糖指數食物，反之則為低升糖指數食物。

配香草油醋汁（見37頁）

櫛瓜鮮蝦沙拉

鮮甜又富含水分的櫛瓜和鮮美的蝦肉搭配再適合不過，另外，搭配的雞蛋在提供更多優質蛋白質的同時，也增加了沙拉的飽足感。

✖ 主食材

櫛瓜 200 克

鮮蝦 5 隻

雞蛋 1 顆

聖女番茄 50 克

紫甘藍 50 克

✖ 配料

薄荷葉適量

1.櫛瓜洗淨，去瓤，切成2公分的塊狀，煮熟後撈出備用。

2.雞蛋煮熟後剝殼切塊。

3.聖女番茄洗淨，切塊備用。

4.鮮蝦洗淨，煮熟後去頭、去殼備用。

5.紫甘藍洗淨，切細絲備用。

6.按照沙拉汁、櫛瓜、雞蛋、聖女番茄、鮮蝦、紫甘藍的順序裝入梅森瓶中即可（可用薄荷葉裝飾）。

功效

中醫認為櫛瓜具有除煩止渴、潤肺止咳、清熱利尿、消腫散結的功效。鮮蝦和雞蛋中的優質蛋白質讓整個沙拉的營養更加均衡。

—— 營 養 小 學 堂 ——

在進行輕斷食之前，不妨自測一下肥胖指標。腰臀比（Waist-to-Hip Ratio，WHR）是腰圍和臀圍的比值，是判定中心性肥胖的重要指標，當男性的腰臀比大於0.9，女性的腰臀比大於0.8，可診斷為中心性肥胖。但其分界值隨年齡、性別、人種不同而異。

配和風芝麻醬（見38頁）

日式春雨沙拉

在日語中，春雨和粉絲的發音相同，所以這道被命名為春雨的沙拉以粉絲為主食材，配菜上選擇搭配黃的煎蛋皮、紫的洋蔥、橙的胡蘿蔔、黑的木耳、綠的萵苣筍絲，口感、味覺以及營養都滿分。

✂ 主食材

粉絲（泡發）80 克

火腿片 50 克

木耳（泡發）40 克

生菜 60 克

雞蛋 1 顆

胡蘿蔔 30 克

萵苣筍（去皮）30 克

洋蔥 20 克

小蔥絲 5 克

✂ 配料

炒香白芝麻適量

橄欖油 15 克

1.將泡發的粉絲煮熟備用；萵苣筍、生菜洗淨，切絲。

2.火腿片切細絲備用。

3.將泡發的木耳煮熟撈出，切細絲。

4.鍋中倒入橄欖油，加入打散的雞蛋攤成薄蛋皮，然後將蛋皮切細絲備用。

5.胡蘿蔔洗淨，去皮，切絲。鍋中再次倒入橄欖油，炒熟胡蘿蔔絲。

6.洋蔥洗淨，切細絲，用礦泉水沖洗去除辛辣味。

 功效 ....

木耳能幫助消化系統將無法消化的異物溶解，因此對預防血栓、動脈硬化和冠心病有一定作用。它所含的多醣體具有疏通血管、清除血管中的膽固醇的作用，因此木耳還可以調血糖、降血脂，有「素中之葷」的美譽，又被稱為「中餐中的黑色瑰寶」。

7.所有食材混合後裝入梅森瓶中，和風芝麻醬則另裝一小瓶，第二天使用時將醬汁倒入梅森瓶中，搖晃瓶身，讓醬汁與食材混合即可。

烤南瓜牛肉沙拉

烤過的南瓜有更加誘人的香甜，玉米粒和新鮮蔬菜能帶來滿滿的清爽氣息，加入煎到剛剛好又香氣滿溢的牛肉，這款裹滿橄欖油黑椒汁的沙拉，每一口都讓人充滿幸福與滿足。

✗ 主食材

牛排 100 克

南瓜 150 克

玉米粒 50 克

紫甘藍 50 克

生菜 50 克

✗ 配料

罐頭裝紅腰豆少許

黑胡椒碎 1 小撮

鹽 1 小撮

橄欖油 10 克

薄荷葉適量

功效

牛排提供了人體所需的脂肪和優質蛋白質，南瓜則供給了膳食纖維和碳水化合物，沙拉和紫甘藍的添加讓整個沙拉的維生素含量更加豐富，同時口感也更清爽。

1. 南瓜不需要去皮，洗乾淨後切成2公分的塊狀備用。

2. 南瓜塊加入1小撮鹽、黑胡椒碎、5克橄欖油拌勻，放入預熱180℃的烤箱中烤10～15分鐘至熟軟。

3. 牛排用鹽和黑胡椒碎醃製15分鐘，放入鍋中加入5克橄欖油煎到自己喜歡的熟度。

4. 煎好的牛排稍微冷卻後切成約1.5公分的塊狀備用。

5. 生菜洗淨，切成適合入口的大小即可。

6. 紫甘藍洗淨，切細絲備用。

7. 玉米粒洗淨，煮熟後撈出備用。

8. 按照沙拉汁、南瓜、紫甘藍、玉米粒、紅腰豆、牛排、生菜的順序依序裝入梅森瓶中即可（可用薄荷葉裝飾）。

配普羅旺斯沙拉汁（見36頁）

尼斯沙拉

這是一款經典的高蛋白、低脂肪法式沙拉，有著豐富的口感和全面的營養，搭配特調的普羅旺斯沙拉汁，滿滿的香草氣息能讓人瞬間感覺到放鬆與安逸。可以根據自己的喜好添加黑橄欖哦！

雞蛋 1 顆

黃瓜 80 克

聖女番茄 60 克

生菜 60 克

水煮金槍魚罐頭 80 克

✘ 配料

薄荷葉適量

新鮮檸檬半片

1.雞蛋煮熟後剝殼切塊備用。

2.黃瓜洗淨,切成1.5公分的塊狀備用。

3.聖女番茄洗淨,切塊備用。

4.生菜洗淨,切成適合入口的大小即可。

5.按照沙拉汁、金槍魚、黃瓜、雞蛋、聖女番茄、生菜的順序裝入梅森瓶中,最後添加薄荷葉或檸檬片進行裝飾。

功效

金槍魚低脂肪、低熱量,它富含人體所需的優質蛋白質和其他營養素,可以保護肝臟,降低膽固醇,再搭配上雞蛋和新鮮時蔬,讓這款低脂高蛋白的沙拉營養更全面。

—— 營 養 小 學 堂 ——

海洋食物和動物的肝、腎及肉類中含有人體必需的微量元素硒,對於人體正常免疫功能的維持、抗氧化以及腫瘤的預防都有作用。穀類食物中的硒含量則取決於土壤中的硒元素含量。蔬菜和水果中的硒含量甚微。

配經典照燒汁（見39頁）

秋葵雞絲沙拉

秋葵和雞胸肉搭配起來也可以很日式！把原本味道清淡的雞胸肉處理成細細的雞絲，以便能更好地吸收沙拉醬汁，搭配酸甜的聖女番茄和爽脆的紫甘藍，爽口清新的沙拉就做好了。

Ⅺ 主食材

雞胸肉 100 克

黃瓜 60 克

秋葵 80 克

紫甘藍 50 克

聖女番茄 50 克

1. 雞胸肉洗淨，煮熟後撕成雞絲備用。

2. 秋葵洗淨，煮熟後冷卻，切丁備用。

3. 黃瓜洗淨，切1公分的丁狀備用。

4. 聖女番茄洗淨，對半切開備用。

5. 紫甘藍洗淨，切成細絲備用，再按照沙拉汁、秋葵、雞絲、紫甘藍、黃瓜、聖女番茄的順序裝入梅森瓶中即可。

功效 ·······················

秋葵嫩莢肉質柔嫩，口感爽脆嫩滑，含有由果膠及多糖組成的黏性物質，具有幫助消化、輔助治療胃炎和胃潰瘍的功效，而且它分泌的黏蛋白，也有保護胃壁的作用。搭配入味的雞絲，組成了一款口味和營養兼具的沙拉。

—— 營 養 小 學 堂 ——

秋葵富含的可溶性膳食纖維是目前營養中所提倡攝取的營養素之一，它能刺激腸道蠕動，預防動脈粥狀硬化和冠心病等心血管疾病的發生，也可以預防膽結石的形成。

莓果隔夜燕麥
沙拉杯

這是一款浸泡一夜後口感更好的莓果燕麥杯,即食燕麥片和奇亞籽在吸收水分後都會變得軟糯濃稠,加入核桃仁、杏仁片和椰蓉後,味覺層次也得到了提升,更加可口。

✗ 主食材

即食燕麥片 45 克
優酪乳 150 克
樹莓 30 克
藍莓 30 克
黑莓 30 克
核桃仁 20 克
杏仁片 10 克

✗ 配料

奇亞籽 5 克
薄荷葉適量
椰蓉 1 小撮

1. 優酪乳混合奇亞籽浸泡20分鐘。

2. 梅森瓶的底部先放一半的即食燕麥片。

3. 倒入一半優酪乳。

4. 再加入一半的核桃仁和杏仁片。

5. 繼續加入剩下的即食燕麥片、優酪乳以及核桃仁、杏仁片。

6. 將樹莓、藍莓、黑莓洗淨，放在頂部，可根據個人喜好用適量薄荷葉以及1小撮椰蓉進行裝飾，放入冰箱密封一晚即可。

功效

燕麥具有降血脂、調血糖、低熱量、高飽足的特點，它含有豐富的維生素 B_1、維生素 B_2、維生素 E、葉酸等，可以改善血液循環，緩解生活工作帶來的壓力；含有的鈣、磷、鐵、鋅、錳等礦物質有預防骨質疏鬆、促進傷口癒合的作用。

高纖低脂午餐沙拉

配低卡蛋黃醬（見31頁）

這是一款適合夏天的午餐沙拉，爽脆的新鮮時蔬搭配多汁酸甜的聖女番茄，既可搭配低卡蛋黃醬，也適合加入其他各種開胃的醬汁，讓你即使在炎熱的夏天也不會沒有胃口。

黃瓜 60 克

罐頭裝鷹嘴豆 45 克

雞蛋 1 顆

聖女番茄 60 克

紫甘藍 30 克

生菜 60 克

╳ 配料

核桃仁 10 克

罐頭裝紅腰豆 15 克

1. 黃瓜洗淨，切片備用。

2. 生菜洗淨，切適合入口的大小即可。

3. 雞蛋煮熟後剝殼，切塊備用。

4. 聖女番茄洗淨，對半切開備用。

5. 紫甘藍洗淨，切成細絲，再按照沙拉醬、黃瓜、鷹嘴豆、雞蛋、聖女番茄、紫甘藍、生菜以及核桃仁和紅腰豆的順序放入瓶中即可。

功效 ⋯⋯⋯⋯⋯⋯

鷹嘴豆富含蛋白質、不飽和脂肪酸、膳食纖維、鈣、鋅、鉀、維生素 B 群等有益人體健康的營養素。紅腰豆含鉀、鐵、鎂、磷等多種營養素，有補血、增強免疫力、幫助細胞修補及防衰老等功效。

—— 營 養 小 學 堂 ——

穀類蛋白中賴氨酸的含量較低，所以穀物類適合與賴氨酸含量較高的豆類和動物性食物一同食用，從而提高蛋白質的營養價值。

清爽開胃
墨西哥沙拉

為大家介紹一款經典的墨西哥沙拉——莎莎醬，它介於沙拉與醬汁之間，可以單獨食用，也可以與薄餅等其他食材搭配。

主食材

聖女番茄 100 克

洋蔥 20 克

大蒜 5 克

紅甜椒 30 克

香菜 20 克

墨西哥薄餅 1 張

配料

黑胡椒碎 1 克

橄欖油 5 克

檸檬汁 5 克

鹽適量

1. 紅甜椒洗淨，切小丁。

2. 洋蔥洗淨，切成末。

3. 聖女番茄洗淨，切小丁。

4. 香菜洗淨，切成末。

5. 大蒜去皮、洗淨、切末，然後混合除墨西哥薄餅以外的所有主食材及配料攪拌均勻裝入梅森瓶製成莎莎醬。第二天，將莎莎醬抹在墨西哥薄餅上即可食用。

功效

紅甜椒具有強大的抗氧化作用，其中的椒類鹼能夠促進脂肪的新陳代謝，防止體內脂肪積存。聖女番茄和紅甜椒中還含有豐富的胡蘿蔔素、維生素 C 和維生素 B 群，能中和體內的自由基，有益於人體健康。

—— 營 養 小 學 堂 ——

人體獲得脂肪的食物來源主要是植物油、油料作物種子以及動物性食物，必需脂肪酸的最好食物來源則是植物油類。橄欖油是由新鮮的油橄欖果實直接冷榨而成的，未經加熱和化學處理，保留了天然營養成分。

配中式酸辣汁（見43頁）

增肌減脂糙米沙拉

將煎到香氣四溢的牛排或牛里脊切成小塊，搭配香軟的糙米，混合香甜的玉米粒和豌豆，再拌入爽脆的生菜和中式酸辣汁，增肌減脂的牛肉糙米沙拉就可以享用啦！

糙米（未煮）35 克

牛排或牛里脊 100 克

豌豆 50 克

玉米粒 50 克

生菜 60 克

胡蘿蔔 50 克

配料

黑胡椒碎 1 小撮

鹽 1 小撮

橄欖油 10 克

1. 糙米洗淨後蒸熟備用。

2. 胡蘿蔔洗淨，去皮後切1公分的小丁。

3. 鍋中放5克橄欖油，把胡蘿蔔丁炒到熟軟。

4. 豌豆和玉米粒洗淨、煮熟後撈出。

5. 生菜洗淨，切成適合入口的大小即可。

6. 牛排或牛里脊提前用鹽和黑胡椒碎醃製15分鐘，並用橄欖油煎至自己喜好的熟度，稍冷卻，切塊。最後按照沙拉汁、糙米、牛肉、豌豆、玉米粒、胡蘿蔔、生菜的順序放入梅森瓶中即可。

功效

糙米既能為人體提供飽足感，血糖生成指數又低；牛肉能提供人體所需的脂肪和優質蛋白質。胡蘿蔔、生菜等時蔬能提供人體所需的維生素、礦物質以及膳食纖維，這是一道高纖低脂的沙拉美食。

椰奶紫米水果杯

絳紫色的紫米不僅有著誘人的外觀,同樣有著獨特的清香氣息和軟糯的口感,搭配充滿熱帶氣息的椰奶和新鮮多汁的水果,帶去野餐或在上班日的中午享用,都是很好的選擇。

✂ 主食材

紫米（未煮）50 克

椰奶 80 克

柳橙 60 克

芒果 50 克

奇異果 100 克

藍莓 30 克

1. 紫米洗淨，蒸熟後冷卻備用。

2. 柳橙洗淨，去皮後剝成瓣。

3. 奇異果去皮後切小塊。

4. 藍莓洗淨；芒果洗淨，去皮、切塊。梅森瓶中依序放入紫米，倒入椰奶，然後放入所有水果即可。

功效

椰奶有清涼消暑、生津止渴的功效，還有強心、利尿、驅蟲、止嘔止瀉的作用，是養生、美容的佳品。紫米味甘、性溫，有補血益氣、暖脾胃的功效，並且軟糯適口，帶有清香，是口感很好的穀物滋補佳品。

—— 營 養 小 學 堂 ——

影響人體基礎代謝的因素有很多：1. 體表面積與基礎代謝基本成正比；2. 年齡，嬰幼兒和青春期的基礎代謝較高，成年後隨年齡增長而降低；3. 男性基礎代謝普遍高於女性；4. 季節和勞動強度同樣影響基礎代謝的水準。

配香辣紅醋醬（見42頁）

甜椒螺旋義麵沙拉

富含咀嚼感的螺旋義大利麵混合清香鮮甜的甜椒，飽足感和營養都滿滿的各種豆類與蔬菜讓這款沙拉的口感更加豐富，香辣紅醋醬讓整個沙拉變得更有食慾。

✂ 主食材

紅甜椒 30 克

黃甜椒 30 克

螺旋義大利麵（未煮）35 克

豌豆 50 克

玉米粒 50 克

聖女番茄 50 克

生菜 50 克

✂ 配料

橄欖油 5 克

1. 螺旋義大利麵煮熟後撈出，加入橄欖油攪拌均勻備用。

2. 紅甜椒、黃甜椒洗淨，切丁備用。

3. 玉米粒和豌豆洗淨，煮熟後撈出備用。

4. 生菜洗淨，切適合入口的大小即可。

5. 聖女番茄洗淨，對半切開，並按照沙拉醬、甜椒、螺旋義大利麵、豌豆、玉米粒、聖女番茄和生菜的順序放入梅森瓶中即可。

功效

甜椒富含多種維生素（特別是維生素 C）及微量元素，不僅可改善黑斑和雀斑，還有消暑、預防感冒和促進血液循環等功效。義大利麵的血糖生成指數相對較低，搭配同樣有飽足感又富含營養素的豌豆和玉米粒等食材，就製作出了一款輕斷食沙拉。

── 營 養 小 學 堂 ──

身體質量指數（BMI，Body Mass Index）是國際上常用的衡量人體肥胖程度和是否健康的重要標準，計算公式為BMI=體重／身高的平方（國際單位kg/m^2）。台灣的肥胖標準為BMI在18.5～23.9時為正常水準，BMI ≥ 24為超重，BMI ≥ 28為肥胖。

配和風芝麻醬（見38頁）

秋葵豆腐牛肉沙拉

秋葵、豆腐和牛肉本身都是味道內斂純粹的食材，不需要過於濃重的調味，搭配清新的和風芝麻醬是不錯的選擇。

✂ 主食材

秋葵 100 克

豆腐 150 克

牛肉 80 克

聖女番茄 60 克

生菜 80 克

✂ 配料

鹽適量

橄欖油 18 克

黑胡椒碎適量

熟白芝麻少許

1. 秋葵煮熟後切丁備用。

2. 生菜切適合入口的大小即可。

3. 將豆腐切成0.8公分厚、寬2公分、長3公分的長方塊。鍋中放10克橄欖油,將豆腐煎到金黃撈出備用。

4. 牛肉切薄片,加適量鹽和黑胡椒碎醃製15分鐘。

5. 鍋中放入剩餘橄欖油,加入牛肉片炒熟撈出備用。

6. 聖女番茄洗淨後對半切開備用。按照沙拉醬、秋葵、豆腐、牛肉、聖女番茄、生菜、熟白芝麻的順序裝入梅森瓶中即可。

功效

秋葵中富含鋅和硒等營養元素,對增強人體防癌抗癌能力很有幫助;加上含有豐富的維生素 C 和可溶性膳食纖維,常吃有益於讓皮膚白嫩,有光澤。豆腐和牛肉都含有豐富的優質蛋白質。

—— 營 養 小 學 堂 ——

蛋白質是生命的物質基礎,碳水化合物和脂肪均不能代替。對於食物而言,其蛋白質組成跟人體越接近,在體內的利用率越高,蛋類、奶類、魚類、肉類以及大豆中的蛋白質被稱為優質蛋白質。

配低卡蛋黃醬（見 31 頁）

金槍魚穀物沙拉

甜糯清香的紫薯富含多種營養素，這款沙拉在紫薯中添加了清爽的蔬菜和富含營養的金槍魚、鵪鶉蛋，搭配順滑濃郁的低卡蛋黃醬，滿足了口腹之欲！

Ｘ 主食材

鵪鶉蛋 3 顆

紫薯 100 克

生菜 50 克

黃瓜 50 克

蘆筍 50 克

水煮金槍魚罐頭 60 克

〔水煮吞拿魚罐頭〕

玉米粒 30 克

豌豆 30 克

Ｘ 配料

橄欖油 5 克

迷迭香適量

1.紫薯蒸熟後去皮切塊。

2.鵪鶉蛋煮熟後剝殼，對半切開。

3.將蘆筍洗淨，切5公分長的段，鍋中放油，煎熟備用。

4.黃瓜切小塊。

5.玉米粒和豌豆煮熟後撈出備用。

6.金槍魚罐頭準備好。

7.生菜切適合入口的大小，按照沙拉汁、玉米粒、豌豆、紫薯、鵪鶉蛋、黃瓜、金槍魚、生菜和蘆筍的順序裝瓶即可（可用迷迭香裝飾）。

功效

紫薯富含膳食纖維、花青素，能促進腸道蠕動，預防便祕；除此之外，它還富含硒，硒被稱為「抗癌大王」，易被人體吸收，能抑制癌細胞的形成與分裂，預防胃癌、肝癌等癌症的發生。搭配含有優質蛋白質的鵪鶉蛋和豐富維生素的蘆筍、生菜，使這款沙拉的整體營養更加全面。

── 營 養 小 學 堂 ──

紫薯、玉米等穀類中含有豐富的鈷。鈷能活躍人體的新陳代謝，促進造血功能，並參與人體內維生素B_{12}的合成。食物中鈷元素含量高的還有甜菜、高麗菜、蕎麥、蘑菇等。

配魚露酸辣汁（見44頁）

泰式馬鈴薯
鮮蝦沙拉

鮮辣的醬汁混合煮到軟糯的馬鈴薯，加上富含優質蛋白質的鮮蝦和雞蛋，搭配爽脆的時蔬，給炎熱夏季沒胃口的你帶來不一樣的味覺體驗。

馬鈴薯 150 克

雞蛋 1 顆

鮮蝦 5 隻

櫻桃蘿蔔 20 克

生菜 50 克

✗ 配料

小米椒〔紅辣椒〕5 克

香菜 10 克

檸檬片 1 片

薄荷葉適量

1. 雞蛋洗淨，煮熟後剝殼切塊。

2. 香菜洗淨，切末。

3. 馬鈴薯洗淨，切塊後煮熟。

4. 小米椒洗淨，切圈。

5. 櫻桃蘿蔔洗淨，切薄片。

6. 生菜洗淨，切適合入口的大小即可。

7. 鮮蝦煮熟後去頭、剝殼，按照沙拉汁、馬鈴薯、雞蛋、鮮蝦、櫻桃蘿蔔、生菜、香菜和小米椒的順序放入梅森瓶中（可用薄荷葉和檸檬片裝飾）。

 功效

馬鈴薯能為人體帶來飽足感，鮮蝦和雞蛋則讓此沙拉富含優質蛋白質，搭配維生素充足的生菜和櫻桃蘿蔔，再加上開胃的魚露酸辣汁，這道沙拉讓人在口感、營養上均能得到滿足。

配豆豉蠔油醬（見41頁）

藜麥鮮蝦沙拉

口感獨特、易熟易消化的藜麥富含人體所需的多種營養素，搭配順滑清香的酪梨，加入飽口的鮮蝦和爽脆的時蔬，清新的沙拉即完成，配上中式的豆豉蠔油醬，又是一番獨特的味覺體驗。

🍴 主食材

酪梨 75 克

藜麥（未煮）35 克

鮮蝦 5 隻

聖女番茄 60 克

生菜 50 克

1. 藜麥洗淨，煮熟後撈出瀝乾水分，煮10～12分鐘即可。

2. 酪梨洗淨，去皮、去核後切約1.5公分的塊狀。

3. 鮮蝦洗淨，煮熟後去頭、剝殼備用。

4. 聖女番茄洗淨，對半切開備用。

5. 生菜洗淨，切成適合入口的大小即可。按照沙拉醬、酪梨、藜麥、鮮蝦、聖女番茄以及生菜的順序放入瓶中即完成。

功效

藜麥是一種含優質蛋白質的植物性食物，它含有人體必需的 9 種必需胺基酸，尤其適合孕婦食用。另外，它所含的礦物質含量都高於其他常見穀類，其中錳的含量最高，錳可以促進胎兒的骨骼和智力正常發育。

── 營 養 小 學 堂 ──

人體內的礦物質，也叫無機鹽，是人體七大營養素之一。它是人體代謝中的必要物質，分為常量元素和微量元素。鈣、磷、鈉、鉀等為常量元素，在體內的含量大於體重的0.01%；鐵、銅、鋅、硒、錳等為微量元素，在體內的含量小於體重的0.01%。

Part 4

晚安，沙拉

　　忙碌了一天，用低脂又充滿飽足感的沙拉來犒勞一下自己如何？鮮嫩的牛排，只要用鹽和黑胡椒稍微醃製，就可以煎出牛肉的清香；新鮮的海鮮，稍微水煮後混合爽脆的蔬菜和開胃的沙拉汁，也可以成為很治癒的一餐；流行的「森林奶油」酪梨搭配肉類或海鮮都是很好的選擇……在完成一天的工作後，做一份簡單又美味的沙拉餐給自己吧！

墨西哥薄餅
鮮蝦沙拉

帶有墨西哥風味的沙拉是很多人的最愛，酸甜的聖女番茄搭配帶有瓜果清香的甜椒，香菜末和蒜末的辛香味瞬間把食材的鮮美提升起來，蝦肉則讓整個沙拉的口感更加豐富。

主食材

墨西哥薄餅 1 張

酪梨半顆

鮮蝦 3 隻

黃甜椒 20 克

紅甜椒 20 克

聖女番茄 50 克

配料

洋蔥末 10 克

檸檬汁 5 克

香菜末 5 克

蒜末 3 克

橄欖油 5 克

黑胡椒碎 1 克

鹽適量

1. 聖女番茄洗淨，切小丁，將聖女番茄和檸檬汁拌勻備用。

2. 香菜末、洋蔥末、蒜末、聖女番茄丁（拌檸檬汁）混合後，加入橄欖油、黑胡椒碎、鹽拌勻製成莎莎醬。

3. 紅甜椒、黃甜椒洗淨，切細絲備用。

4. 酪梨洗淨，去皮、去核後切片備用。

5. 鮮蝦洗淨，煮熟後去頭、剝殼。

6. 墨西哥薄餅抹上一層稍厚的莎莎醬汁，加入酪梨、鮮蝦、紅甜椒、黃甜椒就完成了。

功效

甜椒的維生素含量居蔬菜之首，其中維生素 C 的含量很高；鮮蝦可以提供人體所需的優質蛋白質，並且脂肪含量很低，搭配墨西哥薄餅，飽足感和營養都滿足的一餐即完成。

tips

鮮蝦煮熟後撈出立即過冰水，肉質會更加Q彈。酪梨選擇略微熟一些的口感更好。如果不習慣洋蔥的辣味可以在切末後用礦泉水略微沖洗，去除辛辣味。聖女番茄盡量選擇紅豔味道稍甜的，口感更好。

配橄欖油黑椒汁（見 34 頁）

蒜香吐司牛肉沙拉

牛肉是健身減脂飲食中最受歡迎的一種肉類，選用牛里脊或牛排加入少量鹽和黑胡椒碎醃製後即可煎出誘人的香味，搭配爽脆的新鮮時蔬，淋上濃郁鮮香的橄欖油黑椒汁，就用這道沙拉犒勞自己一下吧！

吐司 1 片

牛里脊或牛排 100 克

聖女番茄 100 克

生菜 50 克

洋蔥 20 克

X 配料

黑胡椒碎 1 小撮

鹽 1 小撮

橄欖油 10 克

蒜末 3 克

功效

牛肉含有豐富的蛋白質，其組成比豬肉更接近人體需要，能有效提高機體抗病能力。香酥的吐司能提供人體所需的碳水化合物，搭配適量的新鮮時蔬，就完成一道富含蛋白質和維生素等多種營養素的沙拉。

1. 吐司去邊，將5克橄欖油混合蒜末和1小撮鹽攪拌均勻。

2. 把蒜香橄欖油塗抹在去邊的吐司上，塗抹一面即可。

3. 處理好的吐司放入預熱165℃的烤箱烤8～10分鐘到顏色金黃，再切成1.5公分的小塊備用。

4. 將用黑胡椒碎和鹽醃製好的牛里脊或牛排放入鍋中，加入5克橄欖油，煎至自己喜歡的熟度。

5. 稍微冷卻後切1.5公分的塊狀備用。

6. 洋蔥洗淨，切細絲後，用礦泉水清洗，去除辛辣味。

7. 生菜洗淨，切成適合入口的大小。

8. 聖女番茄洗淨，對半切開，和所有食材混合後裝盤，食用前拌入橄欖油黑椒汁即可。

tips

塗抹麵包的橄欖油用量不要太多。

配香草油醋汁（見37頁）

烤南瓜
煙燻鮭魚沙拉

南瓜軟糯清甜、煙燻鮭魚能給人獨特的口感和味覺體驗、時蔬清爽又富含維生素與膳食纖維，相互搭配就是一款怎麼吃都零負擔的低脂沙拉餐。淋上香草油醋汁，讓本身味道清淡的食材變得更加鮮美誘人。

主食材

南瓜 120 克

煙燻鮭魚 80 克

聖女番茄 60 克

生菜 60 克

罐頭裝紅腰豆 20 克

罐頭裝鷹嘴豆 20 克

核桃仁 15 克

杏仁 15 克

配料

熟白芝麻少許

黑胡椒碎適量

橄欖油 10 克

鹽適量

功效

南瓜性溫味甘，含有豐富的類胡蘿蔔素、果膠、胺基酸以及多糖，對人體十分有益；煙燻鮭魚在滿足人體所需優質蛋白質的同時增強了飽足感，紅腰豆的添加也讓這款沙拉的功效更加全面，此沙拉有調節免疫力、幫助細胞修補及防衰老等功效。

1. 南瓜切片，混合黑胡椒碎、鹽以及橄欖油拌勻後，放入預熱好180℃的烤箱烤10～15分鐘至熟軟。

2. 煙燻鮭魚提前準備好，可卷成自己喜好的造型。

3. 聖女番茄洗淨後對半切開備用。

4. 生菜洗淨，切成適合入口的大小即可。

5. 所有主食材混合裝盤，食用前撒上少許黑胡椒碎、熟白芝麻，淋上香草油醋汁即可。

—— 營 養 小 學 堂 ——

天然食物中的油脂均為順式脂肪酸，而人造油脂中含有大量反式脂肪酸。反式脂肪酸會增加心血管病和肥胖症的風險，所以建議不要食用人造的油脂，例如人造奶油等。

tips

南瓜可以不去皮，洗淨後進行烤製即可。紅腰豆選擇罐頭裝口感更好。

配低卡蛋黃醬（見31頁）

考伯沙拉

考伯沙拉是一款備受歡迎的經典美式沙拉，色彩繽紛誘人，豐富的食材可以提供很多營養。它不但熱量不高，還可以當主食，給人飽足感。各種食材一列一列排開，彩虹般的沙拉能帶給你愉悅的心情。

主食材

雞蛋 1 顆

聖女番茄 60 克

酪梨 75 克

培根 50 克

雞胸肉 80 克

洋蔥 20 克

生菜 100 克

配料

黑胡椒碎 1 小撮

鹽 1 小撮

橄欖油 5 克

香芹碎少許

1. 雞蛋洗淨，煮熟後去皮，切成片備用。

2. 洋蔥洗淨，切成1公分的小丁，用礦泉水沖洗，去除辛辣味。

3. 聖女番茄洗淨，切塊備用。

4. 生菜洗淨，切成適合入口的大小。

5. 鍋中不放油，把培根煎到略微焦黃。

6. 煎好的培根稍微冷卻後切成1.5公分的片狀備用。

功效

含有豐富肉類和蔬菜的考伯沙拉，能提供人體所需的優質蛋白質與脂肪。培根的添加讓整個沙拉的味覺體驗更加豐富。

7. 雞胸肉提前15分鐘加入鹽和黑胡椒碎醃製，然後在鍋中放入5克橄欖油煎熟。

8. 酪梨去皮、去核後切成1.5公分的塊狀。

9. 用生菜鋪底，將洋蔥、雞蛋、培根、酪梨、雞胸肉、聖女番茄按照順序一列一列排開，食用前拌入低卡蛋黃醬，撒上香芹碎即可。

tips

煎培根時不需要添加油；雞蛋煮到自己喜歡的熟度即可。

—— 營 養 小 學 堂 ——

洋蔥中的營養成分十分豐富，不僅富含鉀、維生素 C、磷、鋅、硒等營養素，更有兩種特殊的營養物質——槲皮素和前列腺素 A，有預防癌症、促進心血管健康、增進食慾等功效。

配中式酸辣汁（見43頁）

金槍魚時蔬
糙米沙拉

金槍魚和糙米的搭配，讓整個沙拉的口感層次更加豐富，在營養上不僅滿足了優質蛋白質的攝取，同時也提供了帶來飽足感的碳水化合物，新鮮時蔬的添加讓整個沙拉營養更均衡。

水煮金槍魚罐頭 80 克

糙米（未煮）35 克

玉米粒 50 克

聖女番茄 50 克

紫甘藍 50 克

生菜 75 克

核桃仁 15 克

X 配料

俄式酸黃瓜 20 克

1. 糙米用水洗淨
後放入小碗中，加
入淹過糙米8cc的
水。

2. 鍋中倒水，水
滾後放入裝糙米的
小碗蒸40分鐘直至
糙米熟透。

3. 生菜洗淨，切
絲。

4. 紫甘藍洗淨，
切細絲。

5. 玉米粒洗淨，
放入水中煮熟後撈
出。

6. 聖女番茄洗
淨，切塊後混合其
他主食材擺盤，最
後加上切成薄片的
酸黃瓜即可。食用
前淋上中式酸辣汁
即可。

功效 ·············

食用金槍魚，不但可以保持
低脂飲食，而且可以平衡身
體所需要的營養，輔助降低
膽固醇、防止動脈硬化，所
以金槍魚既是低脂飲食又是
健康飲食的不二選擇。

tips

選擇水煮金槍魚罐頭比油漬金槍魚罐頭更加低脂低負擔哦。

照燒雞腿時蔬沙拉

照燒雞腿是人們熟知的一道日式料理，這次我們選擇用照燒雞腿搭配義大利麵和時蔬來代替米飯，在滿足口味需求的同時降低了糖分和脂肪的攝取，從而達到低脂飲食的目的。

主食材

義大利麵（未煮）35 克

小胡蘿蔔 50 克

雞腿 1 個

熟花椰菜 100 克

洋蔥 30 克

配料

黑胡椒碎 1 小撮

橄欖油 8 克

鹽 1 小撮

熟白芝麻 1 小撮

1. 義大利麵煮熟後撈出，加入3克橄欖油攪拌均勻備用。

2. 雞腿去骨後撒上1小撮鹽和黑胡椒碎醃製15分鐘。

3. 胡蘿蔔洗淨、去皮後切條；洋蔥洗淨、切絲。

4. 鍋中倒5克橄欖油，放入胡蘿蔔條煎軟後撈出。

5. 用剩下的油炒香洋蔥絲，並放入雞腿繼續煎到金黃。

6. 倒入1匙照燒汁略微煮一下，讓雞腿入味後盛出。

功效

義大利麵適合減脂健身的人群食用；花椰菜含有豐富的營養素，也能帶來飽足感；搭配鮮嫩的雞腿和回味無窮的照燒汁，讓人滿足感爆棚的一道沙拉即完成！

7. 製作好的雞腿略微冷卻後切條備用。

8. 如圖所示將義大利麵、雞腿和小胡蘿蔔、花椰菜、洋蔥進行擺盤，淋上照燒汁，再撒上1小撮熟白芝麻即完成。

tips

煮義大利麵時在水中放1匙鹽，會更好吃。

配紅酒洋蔥醬（見35頁）

培根時蔬沙拉

富含油脂的培根雖然味道香濃誘人，但是對於處在斷食日的人來說，也是很難任意享用的，大家可選擇在非斷食日進行食用。記得須控制好食用的量並搭配充足的時蔬等食材呦！

雞蛋 1 顆

花椰菜 80 克

豌豆 50 克

玉米粒 50 克

培根 60 克

生菜 50 克

聖女番茄 60 克

Ⅴ 配料

洋蔥 20 克

櫻桃蘿蔔 20 克

香芹碎 1 小撮

功效

培根能提供動物脂肪，雞蛋能提供人體所需的優質蛋白質，豌豆和玉米等粗糧富含膳食纖維的同時還能提供飽足感，蔬菜的加入讓整個沙拉更加清爽宜人。

1. 雞蛋洗淨，煮熟後剝殼，切片備用。

2. 豌豆和玉米粒分別洗淨，煮熟後撈出備用。

3. 洋蔥洗淨，切細絲，用礦泉水沖洗去辛辣味。

4. 櫻桃蘿蔔洗淨，切薄片備用。

5. 生菜洗淨，切成適合入口的大小。

6. 聖女番茄洗淨，切塊備用。

7. 鍋中不要放油，中火把培根煎到焦黃。

8. 培根略微冷卻後切1.5公分的片狀，再混合煮熟的花椰菜和其他所有食材裝盤，食用前淋上紅酒洋蔥醬拌勻即可。

tips

培根煎的時候不需要放油，煎到肉中的油脂基本溢出即可。

配香草油醋汁（見37頁）

義式海鮮沙拉

用充滿義式風情的香草油醋汁來調製這款海鮮滿滿的義式沙拉吧！簡單的蔬菜搭配海鮮即可滿足大家對口感和蛋白質、維生素以及膳食纖維的需求，紅腰豆的添加更讓營養物質變得充分又多樣。

✗ 主食材

鮮蝦 6 隻

魷魚圈 60 克

墨魚花 60 克

生菜 80 克

聖女番茄 60 克

雞蛋 1 顆

✗ 配料

罐頭裝紅腰豆 20 克

檸檬片 15 克

黑胡椒碎少許

1. 鮮蝦洗淨，煮熟後去頭、剝殼備用。

2. 墨魚花和魷魚圈煮熟後撈出備用。

3. 生菜洗淨，切成適合入口的大小。

4. 聖女番茄洗淨，對半切開。

5. 雞蛋煮熟後剝殼切塊，混合紅腰豆，以及其餘食材裝盤，食用前倒入香草油醋汁混合，再撒少許黑胡椒碎即可。

功效

中醫認為，墨魚有養血、通經、催乳的功效，因此適合月經不調的女性食用；魷魚有滋陰養顏的功效，還能降低血液中膽固醇的濃度。

tips

海鮮類食材注意不要煮得太久，以免使得肉質變柴。雞蛋根據自己喜歡的熟度選擇煮的時間即可。

— 營 養 小 學 堂 —

雞蛋的蛋白質中含有半胱氨酸，加熱過度會分解產生硫化氫，與蛋黃中的鐵結合變成硫化鐵後會發黑，所以如果煮雞蛋時間過久，蛋黃就會呈現黑綠色。

配番茄酸黃瓜醬（見32頁）

蒜香法棍酪梨沙拉

法棍外層酥脆內裡柔軟且麥香濃郁，烤過後再搭配Q彈的鮮蝦和順滑的酪梨等食材，經過調味後別有一番滋味。香菜末、蒜末和番茄酸黃瓜醬的添加讓這款沙拉味覺層次更加豐富。

主食材

鮮蝦 4 隻

法棍〔法國麵包〕60 克

酪梨 75 克

聖女番茄 60 克

配料

香菜末 5 克

大蒜 3 克

橄欖油 5 克

檸檬汁 5 克

黑胡椒碎 1 小撮

鹽 1 小撮

功效

鮮蝦和酪梨能提供人體所需的脂肪與優質蛋白質，法棍確保了熱量的供應同時也豐富了口感，番茄酸黃瓜醬讓本身略微清淡的口味更加豐富誘人。

1. 法棍切1公分厚的片備用。

2. 大蒜切末，混合5克橄欖油，製作成蒜香橄欖油。

3. 把蒜香橄欖油均勻塗抹在法棍切面上，放入預熱180℃的烤箱中烤8～10分鐘呈金黃色。

4. 聖女番茄洗淨，切丁後混合檸檬汁、鹽與黑胡椒碎拌勻。

5. 酪梨去皮、去核後切塊。

6. 將聖女番茄丁、酪梨塊、香菜末混合，製作成酪梨番茄醬。

7. 將混合好的酪梨番茄醬放在烤好的法棍上。

8. 最後把煮好的鮮蝦去皮、去頭置於頂部，食用時淋上番茄酸黃瓜醬即可。

tips

鮮蝦煮熟後立即過冰水，肉質更加Q彈；需要切末的食材盡量切細碎，口感更好。

—— 營 養 小 學 堂 ——

法國麵包的代表就是法棍，它的配方很簡單，只用麵粉、水、鹽和酵母四種基本原料，通常不加糖、乳粉，不加或加少許油，所以是相對低脂的麵包。

配魚露酸辣汁（見44頁）

泰式清爽牛肉沙拉

這款清爽的沙拉非常適合夏天，牛肉和香菜以及小米椒的搭配鮮香又開胃，特調的魚露酸辣汁可以帶你感受泰式的熱辣風情。因為低脂肪低熱量，所以多吃一點負擔也不大。

Ⅹ 主食材

牛里脊或牛排 100 克

櫻桃蘿蔔 30 克

聖女番茄 60 克

生菜 60 克

黃瓜 50 克

洋蔥 20 克

Ⅹ 配料

香菜末 20 克

小米椒段〔紅辣椒段〕10 克

香芹末 1 小撮

黑胡椒碎 1 小撮

鹽 1 小撮

橄欖油 5 克

1. 牛里脊或牛排切薄片，加入黑胡椒碎和鹽拌勻後醃製15分鐘。

2. 鍋中倒入橄欖油，把醃製好的牛肉翻炒到自己喜歡的熟度後盛出備用。

3. 黃瓜洗淨，切絲備用。

4. 櫻桃蘿蔔洗淨，切薄片。

5. 洋蔥洗淨，切細絲，再用礦泉水沖洗去辛辣味。

6. 聖女番茄洗淨，切塊，備用。

7. 生菜洗淨，切成適合入口的大小，混合所有的主食材裝盤，撒上切好的香菜末、香芹末、小米椒段，食用前混合準備好的魚露酸辣汁即可。

功效

牛肉能提供人體所需的優質蛋白質，豐富的新鮮蔬菜可提供維生素和膳食纖維。櫻桃蘿蔔質地脆嫩、味甘甜，辣味較白蘿蔔輕，適合生吃，有促進胃腸蠕動、增進食慾、幫助消化等作用。

—— 營 養 小 學 堂 ——

鐵在肉類食物中廣泛存在，例如動物肝臟、動物血以及紅肉類。鐵是人體免疫力的保障，適當多攝取以上食物可以預防缺鐵性貧血。

tips

如果喜歡肉感更飽滿的口感，最好選擇先將牛排煎熟再切塊的方式。

繽紛營養酪梨沙拉

利用酪梨外殼做為容器，有趣的外形、鮮甜的食材、清香撲鼻的開胃沙拉汁共同組成了這款你一定會喜歡的沙拉。

✗ 主食材

酪梨 1.5 顆

鮮蝦 3 隻

聖女番茄 60 克

甜玉米粒 50 克

黃瓜 50 克

洋蔥 20 克

✗ 配料

黑胡椒碎 1 小撮

1. 酪梨洗淨，對半切開，去核後劃成井字紋，注意不要劃破外殼。

2. 用湯匙挖出果肉，並且留外殼備用。

3. 黃瓜洗淨，切成 1 公分的塊狀備用。

4. 鮮蝦煮熟後去頭、剝殼，取出蝦肉。

5. 甜玉米粒洗淨，煮熟後撈出備用。

6. 聖女番茄洗淨，切塊備用。

7. 洋蔥洗淨，切小塊，用礦泉水沖洗去辛辣味，然後混合所有主食材，並裝入預備好的酪梨外殼中，食用前撒上黑胡椒碎，淋上普羅旺斯沙拉汁即可。

功效

酪梨含有豐富的植物脂肪，順滑的口感也非常獨特，搭配鮮蝦能提供人體所需的優質蛋白質，而玉米粒則提供了膳食纖維，組成了這款飽足感滿滿、營養也滿滿的沙拉。

—— 營 養 小 學 堂 ——

脂類物質是人體必需的營養素，除了給機體供能外，還有維持體溫、保護臟器、促進脂溶性維生素吸收的作用，還可以在烹飪過程中達到增加香味的效果。

tips

酪梨選擇熟度剛好的口感更好；鮮蝦煮熟後立即過冰水，肉質更Q彈。

配中式酸辣汁（見43頁）

香煎雞胸藜麥沙拉

口感Q彈的三色藜麥、煎得恰到好處的雞胸肉、成熟度剛好且口感順滑細膩的酪梨、新鮮的時蔬、香脆的堅果⋯⋯這是口感、顏值與營養兼顧的一道輕食沙拉。

主食材

雞胸肉 100 克

藜麥（未煮）35 克

酪梨 75 克

聖女番茄 75 克

罐頭鷹嘴豆 20 克

紫甘藍 30 克

配料

杏仁片 5 克

香芹碎 1 小撮

黑胡椒碎 1 小撮

鹽 1 小撮

橄欖油 5 克

1. 雞胸肉加入1小撮鹽和黑胡椒碎醃製15分鐘。

2. 鍋中倒入5克橄欖油，將醃製好的雞胸肉煎熟。

3. 煎好的雞胸肉切片。

4. 酪梨洗淨，去皮、去核後切片備用。

5. 聖女番茄洗淨，切塊備用。

6. 藜麥放入滾水中煮12分鐘，熟後撈出。

7. 紫甘藍洗淨，切細絲備用。

8. 混合除鷹嘴豆以外的主食材，裝盤，點綴上鷹嘴豆、杏仁片以及香芹碎，食用前淋上中式酸辣汁即可。

功效

前面提到過，藜麥的營養價值非常豐富，搭配高蛋白低脂肪的雞胸肉，滿足營養素需求的同時，也增加了整體沙拉的飽足感。杏仁片為人體提供了更豐富的植物性蛋白質與脂肪。

—— 營 養 小 學 堂 ——

雞胸肉的蛋白質營養價值較高，並且脂肪含量很低，非常適合與穀類食物配合食用，以提高蛋白質的吸收利用率。

tips

酪梨要選擇表皮變黑，略微柔軟的，成熟度才剛好，口感也更好。

配中式酸辣汁（見43頁）

酸辣雞絲沙拉

還在為水煮雞胸肉的清淡乏味而發愁的你
不妨試試這款口感輕盈、味道豐富的沙拉
吧！將煮熟的雞胸肉撕成細絲，更容易讓
沙拉汁的酸辣鮮香發揮到極致。如果喜歡
香菜和白芝麻，多加一些會更美味哦！

主食材

雞胸肉 100 克

紅甜椒 50 克

黃甜椒 50 克

黃瓜 80 克

聖女番茄 50 克

配料

小米椒 10 克

香菜 20 克

熟白芝麻 5 克

1. 聖女番茄洗淨，切塊備用。

2. 香菜洗淨，切小段備用。

3. 黃瓜洗淨，切絲備用。

4. 小米椒洗淨，切斜段備用。

5. 紅甜椒、黃甜椒洗淨，切細絲備用。

6. 雞胸肉煮熟後撕成絲。

7. 混合所有主食材裝盤，撒上熟白芝麻、小米椒段、香菜段，食用前淋上中式酸辣汁即可。

功效

雞胸肉是公認的低脂、高蛋白質食物，非常適合健身減脂的人食用，甜椒和黃瓜中富含的維生素和膳食纖維讓這道沙拉的營養更加均衡，多吃一些也不會有負擔。

—— 營 養 小 學 堂 ——

影響熱量消耗的因素有：1. 肌肉越發達，活動消耗的熱量越多；2. 體重越重的人，活動消耗的熱量越多；3. 勞動和運動強度越大，消耗的熱量也越多。

tips

雞絲撕得越細，越容易吸附醬汁入味。

配蜂蜜芥末醬（見33頁）

香烤吐司雞腿沙拉

又香又脆的香煎雞腿、烤到香酥的橄欖油蒜香吐司，搭配綿密清香的酪梨以及鷹嘴豆等食材，構成了這款營養全面、口感極佳的主食沙拉。兼顧低脂和高飽足感的這款沙拉在家也可以輕鬆完成！

主食材

去骨雞腿 1 隻

吐司 1 片

酪梨 75 克

聖女番茄 50 克

生菜 50 克

罐頭裝鷹嘴豆 45 克

配料

酸黃瓜 10 克

檸檬片少許

香芹碎 1 小撮

黑胡椒碎 1 小撮

鹽 1 小撮

蒜末 3 克

橄欖油 10 克

醬油 3 克

功效

酪梨是一種營養價值很高的水果，含多種維生素、脂肪和蛋白質，鈉、鉀、鎂、鈣等含量也較高，綿密順滑的口感搭配爽脆的生菜，為沙拉帶來清爽的口感。香酥的烤吐司為人體提供熱量，鮮嫩的雞腿則提供人體所需的蛋白質和脂肪。聖女番茄和鷹嘴豆不僅豐富了營養與口感，同樣也是提升顏值的好食材。

1.吐司去邊，將5克橄欖油混合3克蒜末以及1小撮鹽，均勻塗抹在吐司的其中一面。

2.吐司放入預熱好165℃的烤箱中烤8～10分鐘到金黃，取出切成1.5公分的塊狀備用。

3.生菜洗淨，切絲備用。

4.聖女番茄洗淨，切塊備用。

5.酪梨洗淨，去皮、去核後切片備用。

6.去骨雞腿用醬油、鹽和黑胡椒碎醃製15分鐘。

7.鍋中加入5克橄欖油，放入醃好的雞腿煎熟。

8.煎好的雞腿稍微冷卻後切條，再混合所有主食材裝盤，點綴上酸黃瓜、檸檬片、香芹碎，食用前淋上蜂蜜芥末醬即可。

tips

煎好的雞腿冷卻一下再切，可以防止其中的肉汁流失過多。

配普羅旺斯沙拉汁（見36頁）

香煎鴨胸沙拉

這道沙拉選用了去除脂肪的鴨胸肉做為沙拉的基底，搭配鮮甜多汁的聖女番茄和爽脆的紫甘藍、蘆筍，再點綴上含有優質蛋白質的核桃碎……口感豐富，色彩誘人。

✂ 主食材

除去脂肪的鴨胸肉 100 克

生菜 60 克

紫甘藍 20 克

蘆筍 40 克

聖女番茄 60 克

洋蔥 30 克

核桃碎 10 克

罐頭裝鷹嘴豆 10 克

✂ 配料

鹽 1 小撮

黑胡椒碎 1 小撮

橄欖油 15 克

1. 鴨胸肉表面用刀輕輕劃上紋路，然後加鹽和黑胡椒碎醃製15分鐘。

2. 鍋中倒入橄欖油，把醃製好的鴨胸肉煎到表面金黃熟透，盛出切片備用。

3. 生菜洗淨後，處理成適口的大小備用。

4. 聖女番茄洗淨後對半切開備用。

5. 蘆筍洗淨、切段後，煎熟備用。

6. 紫甘藍洗淨，切細絲備用。

7. 洋蔥切絲後，用礦泉水沖洗去辛辣味，再混合所有主食材裝盤，食用前淋上普羅旺斯沙拉汁即可。

功效

在禽肉中，火雞肉和鵪鶉肉的脂肪含量最低，在 3% 左右；雞肉為 9 ～ 14%，鴨肉和鵝肉達 20%，因此在製作這款沙拉時，一定要選擇去除脂肪的鴨胸肉。

tips

醃製鴨胸時，加點香橙汁或檸檬汁，口感更好。

147

香煎鮭魚時蔬沙拉

僅用鹽和黑胡椒碎醃製後，將表皮煎到香酥的鮭魚有著獨特的海洋氣息，綿軟的肉質搭配清爽的蔬菜再淋上香草油醋汁，一道鮮味十足的沙拉就完成了。另外，紅腰豆的添加更提升了整道沙拉的顏值。

主食材

鮭魚 100 克

黃瓜 60 克

生菜 60 克

櫻桃蘿蔔 30 克

洋蔥 20 克

罐頭裝紅腰豆 25 克

檸檬 10 克

配料

鹽 1 小撮

橄欖油 5 克

黑胡椒碎 1 小撮

功效

鮭魚含有非常豐富的蛋白質，而且比其他魚類更高，所以多吃鮭魚可以維持鉀鈉平衡，調節免疫力；鮭魚還富含 DHA，被稱為「大腦的保護神」，可以增強腦功能。

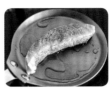

1. 鮭魚用1小撮鹽和黑胡椒碎提前醃製15分鐘。

2. 鍋中放5克橄欖油，把鮭魚煎到表皮酥脆即可。

3. 櫻桃蘿蔔洗淨，切薄片備用。

4. 檸檬洗淨，切成片。

5. 黃瓜洗淨，切成片。

6. 生菜洗淨，切適口大小。

7. 洋蔥洗淨，切細絲，用礦泉水沖洗去除辛辣味，再混合所有食材裝盤，食用前淋上香草油醋汁即可。

── 營 養 小 學 堂 ──

魚類蛋白質的胺基酸組成與人體接近，是優質蛋白質的來源，並且脂肪含量不高，大多由不飽和脂肪酸構成，人體對其的消化率在 95% 左右。

tips

煎鮭魚的時間不要太久，充分解凍後煎到表面香酥即可，不然肉質會變柴。

下篇 輕斷食
實踐篇

準備好開始輕斷食計畫了嗎？如何才能做出好吃又低脂的斷食餐呢？從現在開始，跟我一起走進輕斷食的世界吧！新鮮的蔬果、繽紛的色彩、多種口味與風格的低卡醬汁相互搭配與融合，從味覺到視覺都可以帶你開啟健康低脂美食的大門。

Part 1

早安果汁+兩餐沙拉，堅持5：2輕斷食減脂餐

在輕斷食的過程中需要選擇什麼樣的食材進食？怎麼吃？如何開始自己的輕斷食？如何更容易堅持輕斷食？如何確定自己是否適合輕斷食……相信你還有一定的困惑，所以跟我一起先來看看這些問題的解答吧！

合理進行輕斷食有很多益處，如有效延緩大腦衰老，避免記憶力下降以及行動能力變差；有效改善情緒狀態，降低抑鬱情緒產生的可能；控制血糖，減少糖尿病發生的可能；回歸健康的生活方式，降低癌症等惡性以及慢性疾病的發生率；擁有更健康的身體狀態、更標準的體重與身材。

　　那麼，輕斷食的原則是什麼呢，該吃多少，怎麼吃呢？

吃什麼，吃多少

　　輕斷食的原則是2天低熱量飲食，5天正常飲食。在2天低熱量飲食期間，女性全天最多攝取500大卡的熱量，男性則最多攝取600大卡的熱量，其餘5天則可以隨意享受自己想要吃的食物，實行這樣的輕斷食計畫並不難，而最重要的是要堅持。

　　在2天的斷食日，盡量選擇低糖、低脂肪、高蛋白以及低GI的食物，在有效降低熱量以及脂肪的同時，可以延緩饑餓感的產生。

　　蝦類和低脂肪的魚類都是優質蛋白質的來源，糙米、藜麥等穀類是營養含量豐富的低GI食物，蘋果、聖女番茄等是可口又低熱量的食物。了解各種食物的特點和優點，開始設計屬於你的輕斷食吧！

如何開始輕斷食

　　對於輕斷食的初級體驗者來說，選一個心情愉悅、身體狀態良好、稍微忙碌一些並且有堅定信心的日子開始輕斷食吧。

　　好的心情與身體狀態讓你對輕斷食的體驗產生積極影響，忙碌的日子也會降低人體對饑餓的關注以及對食物的過多期待。同樣最重要的是堅定的信心，這是堅持輕斷食計畫的關鍵所在。

輕斷食的烹飪祕訣

✂ 選擇低熱量、低脂肪、高蛋白質以及低 GI 的食材

GI指的是「血糖生成指數」，它反映了某種食物與葡萄糖相比升高血糖的速度和能力。

高GI食物由於進入腸道後消化快、吸收好，葡萄糖能夠迅速進入血液，所以易導致血糖的快速上升。而低GI食物由於進入腸道後停留的時間長，釋放緩慢，葡萄糖進入血液後峰值較低，引起餐後血糖反應較小，需要的胰島素也相應減少，所以避免了血糖的劇烈波動。低GI食物既可以防止血糖升高，也可以防止血糖降低，能有效地控制血糖。

值得一提的是，低GI食物非常容易產生飽足感，同時對胰島素水平影響較小，而胰島素能夠促進糖原、脂肪和蛋白質的合成，因此食用低GI食物一般能夠幫助身體燃燒脂肪或減少脂肪的儲存，從而達到瘦身的作用。而高GI食物則恰恰相反。

常見的低 GI 食物

五穀類	藜麥、蕎麥麵、黑米、小米、義大利麵
蔬菜及菌類	大白菜、黃瓜、苦瓜、芹菜、茄子、青椒、金針菇、香菇、菠菜、番茄、豆芽、蘆筍、花椰菜、洋蔥、生菜
豆類及豆製品	黃豆、鷹嘴豆、綠豆、豆腐
蔬果類	蘋果、梨、橙、桃、葡萄、櫻桃、柚子、草莓、櫻桃、金橘、葡萄、木瓜
飲品類	低脂奶、脫脂奶、紅茶、低脂優酪乳、無糖豆漿

✗ 選擇自己喜愛且兼顧健康的烹飪方式

有的蔬菜類食材生吃時有爽脆多汁的口感，例如生菜、番茄等直接食用口感和營養俱佳。有的則適合烹煮後再食用，例如馬鈴薯、南瓜以及番薯等食材；蘆筍、胡蘿蔔以及菌菇等食材，烹煮後營養物質更容易被人體吸收，那麼選擇合適的烹飪方式讓斷食日的飲食更加美味可口就尤其重要。

為了兼顧健康低脂的飲食，在食材的烹飪中盡量降低油和糖的使用也是需要注意的關鍵點。蒸或煮是推薦的烹飪方式，更低脂、低熱量，如果不可避免或喜歡用煎、炒等方式來加工某些食材，那麼建議盡量減少油和糖的使用。

✗ 煎炒時使用不沾鍋，有效減少油脂的使用量

不沾鍋可以做到用更少量的油來烹飪美味的食材，相對於普通鍋做出的料理更低油低脂，如果沒有不沾鍋，可以選擇在食材快要粘鍋時適量滴入少許水防粘，而不要盲目增加油的用量，違背了低油低脂的原則。

✗ 膳食纖維既能增加飽足感又低熱量

在斷食日可以適當增加膳食纖維的攝取量，膳食纖維多的食材往往具有低熱量、高飽足感的特點，可以延緩饑餓感的來臨。對於蔬果汁而言，保留膳食纖維的果昔相對於去掉膳食纖維的果汁更具有飽足感。

✂ 提升蛋白質含量可延緩饑餓感的產生

蛋白質對處於斷食日的人來說是很好的營養物質來源，但是記得選擇高蛋白質、低脂肪的食材，才能有效地控制熱量。

✂ 注意乳製品的選擇，避開熱量陷阱，低脂很重要

在斷食日時，仍舊可以選擇攝取乳製品，其中的蛋白質和鈣是人體所需的優質營養素，但是在選擇中要注意選用低脂的牛奶、乳酪，同時避開奶油、奶精等食材的攝取，咖啡中所使用的奶精、奶油等都隱藏著熱量陷阱。

✂ 檸檬和沙拉醬汁中的酸性物質可有效提高蔬菜中鐵的吸收率

在使用含鐵量較高的蔬菜製作沙拉時，可以用檸檬汁或橙汁來調味，不僅增添了風味，還可以促進鐵元素的吸收。同時，也可以添加一些堅果以及白芝麻等食材，不僅能提高人體對優質蛋白質的攝取率，還增添了沙拉整體的味道和口感。

✂ 製作時盡量讓食物美味可口

如果你對沙拉中的某些蔬菜不那麼感興趣，豐富可口的沙拉醬汁就是改善味道不可或缺的。同時，在製作沙拉的過程中添加香氣迷人的香草、辣椒等食材，也可以有效改善沙拉的整體口感，讓低脂、低熱量的食材也富有味覺吸引力。

堅持輕斷食的 10 個方法

❶ 首先對自己的身體狀態進行評估與了解。

❷ 選擇志同道合的夥伴一起進行輕斷食，更容易相互鼓勵並一起堅持。

❸ 準確計算斷食日的熱量攝取，避開熱量陷阱。

❹ 保持充實的生活與工作，降低對食慾的關注與饑餓感的感受。

❺ 適當進行運動，可以促進心情的愉悅。

❻ 攝取充足的水分，由於斷食日食物的攝取量降低，而我們人體所獲得的水分很大一部分來自於食物中，所以斷食日增加水分的攝取量至關重要。

❼ 稍微刻意降低對高熱量、高脂肪食物的欲望，不要一直把注意力放在這些食物上。

❽ 保持良好的心態、愉悅的心情以及堅定的信念至關重要。

❾ 避免「只要開始輕斷食，每天都會降低一些體重」的錯誤想法，保持健康的身心狀態，堅持按照要求與原則去做就好，切勿對降低體重急功近利。

❿ 記得現在開始永遠不晚，堅持才更加重要。

哪些人適合輕斷食

❶ 肥胖的人

❷ 長期便祕的人

❸「三高」人群及患有其他慢性疾病的患者

❹ 長痘、長斑、臉色蠟黃的人

❺ 容易生病,免疫力低下的人

❻ 抽菸、酗酒或有其他不良嗜好的人

❼ 飲食習慣不好,不按時吃飯或常吃速食的人

❽ 工作壓力大,經常加班應酬的人

❾ 睡眠品質差,熬夜、失眠的人

哪些人不適合輕斷食

雖然輕斷食是一種相對健康並且容易堅持的瘦身以及改善身體狀態的方式，但並不是所有的人都適合輕斷食，以下我們來介紹一些不適合輕斷食的人群以及原因。

✂ 孕婦

孕婦正處於需要每天及時補充營養的階段，只有攝取充足的優質營養才能確保胎兒的正常發育，以及母體的健康，因此不宜進行輕斷食。

✂ 兒童

兒童正處於生長發育階段，並且兒童對於輕斷食的理解、堅持以及對饑餓感的接受與情緒控制能力相對較低，可能會因為饑餓感的產生而出現哭鬧、情緒低落等心理上的消極現象，對於身心發展並不是很有利，所以並不建議兒童進行輕斷食。對於體重超標或肥胖的兒童來說，選擇健康的低脂肪、低糖的飲食更加合理。

✂ 體重低於標準體重 25% 的人

對於低體重、營養不良或貧血的人群而言，最主要的是積極攝取各種食物，確保營養素的供給以維持機體的正常功能才是最重要的。

✂ 疾病患者

某些疾病患者比如精神病患者、病危患者、身體極度虛弱者，不建議進行輕斷食。

關於輕斷食的問與答

1. 如何分配一週 2 天輕斷食與 5 天正常吃的時間？

原則上對於一週如何分配2天輕斷食與5天正常吃沒有嚴格的要求，但是考慮到現代人的生活與工作的節奏，還是建議大家避開週五、週六和周日。週末的聚餐和放鬆的狀態相信大家都不想錯過，如果在聚會等社交活動中堅持控制熱量的攝取，大概是一件令自己痛苦、讓他人不盡興的事，所以可以選擇週一做為輕斷食的其中一天。

斷食日保持良好的心情去度過是很重要的，所以在週末聚會放鬆的滿足食慾之後，也會更有心情和狀態來面對低熱量攝取的一天。

那麼第二個斷食日怎麼選擇呢？當然你可以選擇週二繼續進行低熱量的輕斷食計畫，可是連續的低熱量飲食可能會引起心情的低落、體能的下降以及產生無法堅持的消極想法等，為了保持好的心情狀態以及對輕斷食的堅定信心，我們建議不選連續的兩天進行輕斷食，以便讓身心保持良好的狀態，來迎接下一次的輕斷食日，那麼週三、周四就是不錯的選擇。

2. 斷食日一定要堅持 24 小時嗎？

答案是肯定的，24小時對於輕斷食計畫而言是最短且最容易接受與堅持的低熱量飲食時間。

3. 斷食日需要增加保健品的攝取嗎？

輕斷食只是一種間隔的、偶爾降低熱量攝取的飲食計畫，而不

是停止攝取食物以及營養素，在確保營養素的積極攝取，熱量、脂肪與糖的攝取降低等原則下，是不會影響人體所需營養素的攝取量的，所以只需要保持原有的計畫，在食物中選擇合理的食材搭配即可，不必額外補充保健品。

4. 斷食日是否可以進行一定的運動？

運動與輕斷食並不衝突，輕斷食的計畫與原則並不影響正常的生活、工作與運動。適當的運動不但不會影響人的機體功能，反而會提高代謝率，讓機體消耗多餘的脂肪，達到瘦身、健身的效果。同樣，適當的運動也具有改善心情的作用，可以在斷食日避免產生低落消極情緒。所以，放心地適當運動吧！

5. 斷食日會出現低血糖或頭暈乏力的現象嗎？

如果你是適合進行輕斷食的人群，並且按照健康合理的方式進行輕斷食，那麼基本不會出現低血糖或渾身無力、懈怠消極的情況。輕微的心情低落和體力下降可能會出現，但是即使出現這些情況，人體自身也可以輕鬆緩解或調節。

6. 斷食日可以喝酒或咖啡嗎？

酒或酒精飲料雖然味道可口且能帶來愉悅與放鬆的感覺，但是不可否認的是它們含有較高的熱量，所以建議在2天的低熱量斷食日期間戒除酒精的攝取。

對於咖啡而言，適量飲用咖啡有益健康，例如延緩大腦老化、改善心臟功能等，所以咖啡的攝取並不與輕斷食計畫相衝突，但是要注意的是，要攝取熱量和脂肪低的黑咖啡，千萬不要飲用含有奶油、奶精、巧克力等其他高脂高熱量食材的咖啡製品。

7. 非斷食日可以對所攝取的食物不加限制嗎？

原則上當然可以不加限制，在非斷食日你可以隨心所欲地享受想吃的食物。但是事實上經過輕斷食日後，並不會出現你想像中的因饑餓而產生的暴飲暴食狀況，反而會出現溫和的食慾，這就是輕斷食的神奇之處。

當然，盡量避免出現為了彌補心理上的不平衡刻意地暴飲暴食，輕斷食的理念一向宣導的是健康溫和的飲食理念，所以攝取更多健康的食物和選擇健康的飲食方式才對人體更加有益。

8. 什麼時候開始輕斷食最好？

如果你準備好了，那麼就是現在。

Part 2

4週飲食計畫，幫你度過5：2輕斷食前4週

在了解關於輕斷食計畫的一些基本前提和疑問後，就可以正式開始輕斷食計畫。在這個部分中，為大家提供由各式蔬果汁和沙拉組成的4週輕斷食計畫，並且每週都有2種主題食材，可以讓你深度了解沙拉和低脂飲食的和諧關係。

在這個部分中，我們為大家選擇了週一和週四做為斷食日。在週末的享受和放鬆以後，第一天的低熱量飲食很快就會過去，穿插兩天正常飲食，週四再來一天低熱量斷食日。

需要注意的是，斷食日請你一定按照本書中提供的熱量方案進行飲食；非斷食日你可以按照本書的建議製作蔬果汁和沙拉，也可以吃你想吃的任何食物。

第一週　主題食材：花椰菜、番茄（或聖女番茄）

週一	低熱量飲食日	🔥
週二	正常飲食日	🔥 🔥 🔥
週三	正常飲食日	🔥 🔥 🔥
週四	低熱量飲食日	🔥
週五	正常飲食日	🔥 🔥 🔥
週六	正常飲食日	🔥 🔥 🔥
週日	正常飲食日	🔥 🔥 🔥

週一低熱量飲食
（總熱量 496.5 大卡）

請按照本頁提供的食物熱量，嚴格控制飲食，男性每天控制在 600 大卡以內，女性每天控制在 500 大卡以內。

早餐｜樹莓香蕉奶昔

食材：樹莓40克，香蕉40克，脫脂牛奶100克。

食物名	熱量（大卡）
樹莓	21.6
香蕉	37.2
冰牛奶	35.1
總熱量	93.9

午餐｜煎鮭魚花椰菜沙拉

主食材：鮭魚80克，花椰菜100克，聖女番茄50克，生菜50克，洋蔥10克。
配料：鹽2克，黑胡椒碎2克，橄欖油3克，檸檬5克。
沙拉醬汁：紅酒洋蔥醬（見35頁）。

食物名	熱量（大卡）
鮭魚	79.2
花椰菜	36
聖女番茄	10
生菜	7.5
洋蔥	33.9
橄欖油	27
總熱量	193.6

晚餐｜花椰菜鮮蝦沙拉

主食材：鮮蝦100克，花椰菜80克，聖女番茄50克，雞蛋半顆（約25克），罐頭裝鷹嘴豆10克，生菜50克。
配料：檸檬5克，黑胡椒碎1小撮。
沙拉醬汁：橄欖油黑椒汁（見34頁）。

食物名	熱量（大卡）
鮮蝦	93
花椰菜	28.8
聖女番茄	10
雞蛋	36
鷹嘴豆	33.7
生菜	7.5
總熱量	209

週二正常飲食 🔥🔥🔥

可按以下食譜製作蔬果汁和沙拉，也可根據自己的喜好吃任何想吃的食物。

早餐｜胡蘿蔔番茄汁

食材：胡蘿蔔80克，番茄100克，去皮檸檬5克，礦泉水100克。

午餐｜馬鈴薯泥聖誕花環沙拉

主食材：馬鈴薯150克，花椰菜100克，聖女番茄50克，生菜50克，罐頭裝紅腰豆10克，玉米粒50克。

配料：牛奶10克，黑胡椒碎1小撮，鹽1小撮。

沙拉醬汁：低卡蛋黃醬（見31頁）。

> **tips**
>
> 此沙拉製作的關鍵步驟：先將馬鈴薯煮熟後加鹽、黑胡椒碎和牛奶，搗成泥，處理成環狀，再在上面插上煮熟的花椰菜和處理好的其他食材。

晚餐｜香烤吐司鮮蝦時蔬沙拉

主食材：原味吐司1片（約80克），花椰菜100克，聖女番茄60克，鮮蝦5隻（約150克），玉米粒30克，生菜100克。

配料：蒜末3克，橄欖油10克，鹽1小撮，檸檬5克。

沙拉醬汁：香辣紅醋醬（見42頁）。

週三正常飲食 🔥🔥🔥

可按以下食譜製作蔬果汁和沙拉，也可根據自己的喜好吃任何想吃的食物。

早餐｜西班牙番茄冷湯配麵包

食材：番茄200克，洋蔥10克，礦泉水50克，法棍80克。

配料：去皮檸檬5克，黑胡椒粉1克，橄欖油5克，大蒜2克，香菜2克，鹽適量。

裝飾食材：香芹碎適量，迷迭香少許。

午餐｜鮮蝦馬鈴薯泥時蔬沙拉

主食材：鮮蝦5隻（約150克），花椰菜100克，聖女番茄50克，生菜50克，洋蔥10克，馬鈴薯100克。

配料：牛奶10克，黑胡椒碎1小撮，鹽1小撮，香芹碎1撮。

沙拉醬汁：番茄酸黃瓜醬（見32頁）。

tips

馬鈴薯的處理方法：馬鈴薯煮熟後，混合牛奶、黑胡椒碎和鹽，搗成泥。

晚餐｜烤南瓜雞肉藜麥沙拉

主食材：南瓜200克，花椰菜100克，聖女番茄50克，雞胸肉100克，藜麥（未煮）35克。

配料：橄欖油10克，黑胡椒碎1小撮，鹽1小撮。

沙拉醬汁：香草油醋汁（見37頁）。

週四低熱量飲食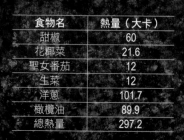
（總熱量 487 大卡）

請按照本頁提供的食物熱量，嚴格控制飲食，男性每天控制在 600 大卡以內，女性每天控制在 500 大卡以內。

早餐｜水梨番茄汁

食材：水梨80克，番茄100克，去皮檸檬5克，礦泉水100克。

食物名	熱量（大卡）
水梨	63.2
番茄	20
檸檬	1.9
總熱量	85.1

午餐｜海苔手卷沙拉

食材：壽司海苔1張（約5克），花椰菜100克，聖女番茄50克，生菜50克，洋蔥10克，黃瓜30克。

沙拉醬汁：和風芝麻醬（見38頁）。

食物名	熱量（大卡）
海苔	12.5
花椰菜	36
聖女番茄	10
生菜	7.5
洋蔥	33.9
黃瓜	4.8
總熱量	104.7

晚餐｜法式烤雜蔬沙拉

主食材：紅甜椒120克，黃甜椒120克，花椰菜60克，聖女番茄60克，生菜80克，洋蔥30克。

配料：黑胡椒碎適量，鹽適量，橄欖油10克。

沙拉醬汁：普羅旺斯沙拉汁（見36頁）。

食物名	熱量（大卡）
甜椒	60
花椰菜	21.6
聖女番茄	12
生菜	12
洋蔥	101.7
橄欖油	89.9
總熱量	297.2

週五正常飲食 🔥🔥🔥

可按以下食譜製作蔬果汁和沙拉，也可根據自己的喜好吃任何想吃的食物。

早餐｜柳橙番茄汁

食材：柳橙100克，番茄80克，去皮檸檬5克，礦泉水100克。

午餐｜咖哩小米沙拉

主食材：小米（未煮）35克，比目魚排100克，花椰菜50克，紫甘藍20克，玉米粒50克，聖女番茄60克，黃瓜30克，芝麻菜15克。

配料：炒香白芝麻適量，鹽1小撮，黑胡椒碎適量，橄欖油5克。

沙拉醬汁：咖哩醬（見40頁）。

晚餐｜肉末豆腐沙拉

主食材：牛肉末60克，豆腐150克，花椰菜60克，聖女番茄60克，紫甘藍20克，生菜50克。

配料：洋蔥20克，鹽適量，橄欖油15克，法式香草少許，鹽1小撮。

沙拉醬汁：中式酸辣汁（見43頁）。

週六正常飲食 🔥🔥🔥

可按以下食譜製作蔬果汁和沙拉，也可根據自己的喜好吃任何想吃的食物。

早餐｜金橘檸檬番茄汁

食材：金橘80克，番茄100克，去皮檸檬15克，礦泉水100克。

午餐｜雙色菜花沙拉

食材：菜花100克，花椰菜100克，聖女番茄60克，雞胸肉100克。
沙拉醬汁：中式酸辣汁（見43頁）。

晚餐｜烤蔬菜牛肉沙拉

主食材：紫皮茄子80克，花椰菜80克，南瓜80克，聖女番茄50克，胡蘿蔔50克，牛排100克，洋蔥20克。
配料：酸黃瓜10克，橄欖油20克，鹽1克，黑胡椒碎1克。
沙拉醬汁：橄欖油黑椒汁（見34頁）。

> **tips**
>
> 沙拉製作關鍵步驟：南瓜、茄子、花椰菜和洋蔥切塊後，混合12克橄欖油、鹽以及黑胡椒碎，放入預熱180℃的烤箱中烤到熟軟。

週日正常飲食 ♨♨♨

可按以下食譜製作蔬果汁和沙拉，也可根據自己的喜好吃任何想吃的食物。

早餐｜蘋果檸檬番茄汁

食材：蘋果80克，番茄100克，去皮檸檬15克，礦泉水100克。

午餐｜糙米低脂時蔬沙拉

食材：糙米（未煮）35克，花椰菜100克，聖女番茄50克，雞胸肉100克，雞蛋1顆，罐頭裝鷹嘴豆20克，罐頭裝紅腰豆20克，生菜50克。

沙拉醬汁：經典照燒汁（見39頁）。

晚餐｜金槍魚馬鈴薯沙拉

食材：金槍魚80克，花椰菜100克，生菜60克，洋蔥20克，馬鈴薯100克，聖女番茄50克，玉米粒20克。

沙拉醬汁：魚露酸辣汁（見44頁）。

第二週　主題食材：酪梨、玉米粒

週一　　低熱量飲食日　🔥

週二　　正常飲食日　🔥🔥🔥

週三　　正常飲食日　🔥🔥🔥

週四　　低熱量飲食日　🔥

週五　　正常飲食日　🔥🔥🔥

週六　　正常飲食日　🔥🔥🔥

週日　　正常飲食日　🔥🔥🔥

週一低熱量飲食 🔥
（總熱量 494.8 大卡）

請按照本頁提供的食物熱量，嚴格控制飲食，男性每天控制在 600 大卡以內，女性每天控制在 500 大卡以內。

早餐｜抹茶酪梨奶昔

食材：抹茶3克，酪梨30克，蜂蜜3克，脫脂牛奶100克。

食物名	熱量（大卡）
抹茶	9.9
酪梨	48.3
蜂蜜	9.6
冰牛奶	35.1
總熱量	102.9

午餐｜什果燕麥沙拉

食材：紅心火龍果50克，酪梨30克，香蕉30克，芒果30克，藍莓10克，即食燕麥片20克，牛奶50克，檸檬5克。

食物名	熱量（大卡）
火龍果	30
酪梨	48.3
香蕉	27.9
芒果	10.5
藍莓	5.7
即食燕麥片	75.4
牛奶	29.5
總熱量	227.3

晚餐｜煎蘆筍雞胸肉沙拉

主食材：蘆筍50克，雞胸肉40克，罐頭裝紅腰豆15克，酪梨20克，玉米粒20克。
配料：檸檬5克，橄欖油3克。
沙拉醬汁：紅酒洋蔥醬（見35頁）

食物名	熱量（大卡）
蘆筍	11
雞胸肉	53.2
紅腰豆	18.8
酪梨	32.2
玉米粒	22.4
橄欖油	27
總熱量	164.6

週二正常飲食 🔥🔥🔥

可按以下食譜製作蔬果汁和沙拉，也可根據自己的喜好吃任何想吃的食物。

早餐｜芒果酪梨奶昔
食材：芒果100克，酪梨75克，冰牛奶100克。

午餐｜菌香鮮蝦酪梨沙拉
主食材：鮮蝦5隻（約150克），聖女番茄60克，玉米粒50克，酪梨75克，鴻喜菇〔本菇〕50克，生菜50克，罐頭裝鷹嘴豆30克。
配料：橄欖油10克，鹽1小撮。
沙拉醬汁：和風芝麻醬（見38頁）。

晚餐｜荸薺牛肉粒沙拉
主食材：荸薺〔馬蹄〕（煮熟）80克，牛里脊或牛排100克，生菜50克，酪梨75克，玉米粒50克，罐頭裝紅腰豆30克。
配料：橄欖油10克，黑胡椒碎1小撮，鹽1小撮。
沙拉醬汁：紅酒洋蔥醬（見35頁）。

週三正常飲食 ◇◇◇

可按以下食譜製作蔬果汁和沙拉，也可根據自己的喜好吃任何想吃的食物。

早餐｜奶香玉米汁

食材：熟玉米粒100克，牛奶150克，蜂蜜5克。

午餐｜鳳梨豬排沙拉

主食材：鳳梨肉80克，豬排80克，酪梨30克，生菜50克，玉米粒50克，聖女番茄60克。
配料：橄欖油5克，鹽1小撮，黑胡椒碎適量。
沙拉醬汁：香草油醋汁（見37頁）。

tips

豬排製作步驟：豬排拍鬆後，用鹽、黑胡椒碎醃製15分鐘，再加橄欖油煎熟即可。

晚餐｜烤蔬菜金槍魚沙拉

主食材：水煮金槍魚罐頭60克，紅甜椒50克，黃甜椒50克，南瓜80克，胡蘿蔔50克，生菜50克，酪梨50克，玉米粒30克，聖女番茄50克，蘆筍20克。
配料：黑胡椒碎1小撮，橄欖油10克，鹽1小撮，迷迭香少許。
沙拉醬汁：香草油醋汁（見37頁）。

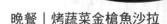

tips

蔬菜製作步驟：甜椒、南瓜、胡蘿蔔切好後，混合黑胡椒、鹽和橄欖油拌勻，放入預熱180℃的烤箱烤至熟軟。

週四低熱量飲食（總熱量 499.8 大卡）

請按照本頁提供的食物熱量，嚴格控制飲食，男性每天控制在 600 大卡以內，女性每天控制在 500 大卡以內。

早餐｜香蕉木瓜奶昔

食材：香蕉30克，木瓜50克，脫脂牛奶100克。

食物名	熱量（大卡）
香蕉	27.9
木瓜	14.5
脫脂牛奶	35.1
總熱量	77.5

午餐｜雞蛋穀物時蔬沙拉

主食材：花椰菜80克，酪梨20克，雞蛋半顆（約25克），罐頭裝鷹嘴豆10克，玉米粒30克，罐頭裝紅腰豆10克，櫻桃蘿蔔30克。

配料：鹽1小撮，香芹末少許。

沙拉醬汁：番茄酸黃瓜醬（見32頁）。

食物名	熱量（大卡）
花椰菜	28.8
酪梨	32.2
雞蛋	36
鷹嘴豆	33.7
玉米粒	33.6
紅腰豆	12.5
櫻桃蘿蔔	6.3
總熱量	183.1

晚餐｜煎甜椒牛肉沙拉

主食材：三色甜椒150克，牛里脊或牛排50克，生菜50克，酪梨20克，玉米粒25克。

配料：橄欖油5克，鹽1小撮，黑胡椒碎1撮，香芹末少許。

沙拉醬汁：香辣紅醋醬（見42頁）。

食物名	熱量（大卡）
甜椒	37.5
牛里脊	89
生菜	7.5
酪梨	32.2
玉米粒	28
橄欖油	45
總熱量	239.2

週五正常飲食 🔥🔥🔥

可按以下食譜製作蔬果汁和沙拉，也可根據自己的喜好吃任何想吃的食物。

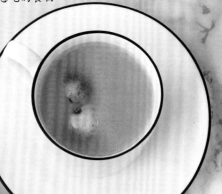

早餐｜金橘檸檬水梨汁

食材：金橘50克，檸檬10克，水梨80克，冰水100克。

午餐｜椰漿紫米紫薯水果沙拉

主食材：紫米（未煮）35克，紫薯60克，核桃仁15克，草莓45克，香蕉60克，芒果45克，紅心火龍果45克，椰漿100克，蜂蜜15克。

配料：椰蓉5克，杏仁片5克，牛奶10克。

晚餐｜糙米鮮菌沙拉

主食材：杏鮑菇75克，鴻喜菇75克，酪梨75克，聖女番茄50克，糙米（未煮）35克，玉米粒50克，生菜50克。

配料：橄欖油10克，香芹末少許。

沙拉醬汁：香辣紅醋醬（見42頁）。

週六正常飲食 🔥🔥🔥

可按以下食譜製作蔬果汁和沙拉，也可根據自己的喜好吃任何想吃的食物。

早餐｜香濃紫薯奶昔

食材：紫薯80克，牛奶100克，蜂蜜5克。

午餐｜香煎鱈魚義麵沙拉

主食材：貝殼義大利麵（未煮）35克，鱈魚100克，玉米粒50克，櫻桃蘿蔔20克，聖女番茄50克，生菜50克，酪梨75克。

配料：橄欖油15克，黑胡椒碎1小撮，鹽1小撮。

沙拉醬汁：低卡蛋黃醬（見31頁）。

晚餐｜蘆筍培根雞胸沙拉

主食材：蘆筍100克，雞胸肉100克，培根60克，生菜50克，酪梨75克，玉米粒50克，聖女番茄30克。

配料：橄欖油15克，黑胡椒碎1小撮，鹽1小撮。

沙拉醬汁：豆豉蠔油醬（見41頁）。

週日正常飲食 🔥🔥🔥

可按以下食譜製作蔬果汁和沙拉，也可根據自己的喜好吃任何想吃的食物。

早餐｜香蕉草莓優酪乳沙拉

食材：香蕉50克，草莓50克，藍莓30克，奇亞籽5克，優酪乳150克。

午餐｜雜豆穀物沙拉

食材：罐頭裝鷹嘴豆30克，罐頭裝紅腰豆30克，酪梨75克，藜麥（未煮）35克，玉米粒50克，豌豆50克，生菜80克。
沙拉醬汁：橄欖油黑椒汁（見34頁）。

晚餐｜培根義麵沙拉

主食材：貝殼義大利麵（未煮）35克，培根60克，生菜80克，酪梨75克，聖女番茄60克，玉米粒50克。
配料：橄欖油5克。
沙拉醬汁：番茄酸黃瓜醬（見32頁）。

第三週　主題食材：黃瓜〔青瓜〕、生菜

週一	低熱量飲食日　🔥
週二	正常飲食日　🔥🔥🔥
週三	正常飲食日　🔥🔥🔥
週四	低熱量飲食日　🔥
週五	正常飲食日　🔥🔥🔥
週六	正常飲食日　🔥🔥🔥
週日	正常飲食日　🔥🔥🔥

週一低熱量飲食 🔥

（總熱量 487.7 大卡）

請按照本頁提供的食物熱量，嚴格控制飲食，男性每天控制在 600 大卡以內，女性每天控制在 500 大卡以內。

早餐｜青蘋果黃瓜汁

食材：青蘋果100克，黃瓜80克，冰水100克，去皮檸檬5克。

食物名	熱量（大卡）
青蘋果	52
黃瓜	12.8
檸檬	1.9
總熱量	66.7

午餐｜雞蛋鷹嘴豆時蔬沙拉

食材：雞蛋半顆（約25克），罐頭裝鷹嘴豆10克，紫甘藍50克，萵苣筍100克，聖女番茄50克，黃瓜80克，玉米粒25克，香芹末少許。

沙拉醬汁：低卡蛋黃醬（見31頁）。

食物名	熱量（大卡）
雞蛋	36
鷹嘴豆	33.7
紫甘藍	11
萵苣筍	15
聖女番茄	10
黃瓜	12.8
玉米粒	28
總熱量	146.5

晚餐｜馬鈴薯火腿時蔬沙拉

食材：馬鈴薯80克，火腿片40克，櫻桃蘿蔔30克，生菜80克，聖女番茄50克，黃瓜80克，豌豆10克，香芹末少許。

沙拉醬汁：低卡蛋黃醬（見31頁）。

食物名	熱量（大卡）
馬鈴薯	61.6
火腿	132
櫻桃蘿蔔	6.3
生菜	12
聖女番茄	10
黃瓜	12.8
豌豆	39.8
總熱量	274.5

週二正常飲食 🔥🔥🔥

可按以下食譜製作蔬果汁和沙拉，也可根據自己的喜好吃任何想吃的食物。

早餐｜番茄胡蘿蔔濃湯

食材：麵包80克，番茄100克，炒熟胡蘿蔔50克，炒熟馬鈴薯30克，炒熟洋蔥30克，紅甜椒30克，牛奶80克，橄欖油5克，鹽適量，黑胡椒碎適量，香芹碎少許。

午餐｜柚香黃瓜鮮蝦沙拉

主食材：鮮蝦5隻（約150克），黃瓜100克，柚子50克，葡萄柚50克，雞蛋1顆，聖女番茄80克。

配料：檸檬5克。

沙拉醬汁：魚露酸辣汁（見44頁）。

晚餐｜南瓜鮮蝦義麵沙拉

主食材：南瓜150克，鮮蝦5隻（約150克），貝殼義大利麵（未煮）35克，黃瓜60克，聖女番茄30克，生菜100克，熟芝麻少許。

配料：橄欖油5克。

沙拉醬汁：經典照燒汁（見39頁）。

週三正常飲食

可按以下食譜製作蔬果汁和沙拉，也可根據自己的喜好吃任何想吃的食物。

早餐｜蘋果胡蘿蔔黃瓜汁

食材：胡蘿蔔100克，蘋果100克，黃瓜60克，冰水100克。

午餐｜烤菜花火腿沙拉

主食材：菜花100克，花椰菜100克，火腿片60克，黃瓜60克，聖女番茄50克，生菜60克。

配料：橄欖油15克，鹽1克，黑胡椒碎1小撮，香芹末少許。

沙拉醬汁：香辣紅醋醬（見42頁）。

晚餐｜香煎雞腿甜椒吐司沙拉

主食材：紅甜椒80克，黃甜椒80克，去骨雞腿1個，黃瓜80克，吐司1片。

配料：黑胡椒碎1小撮，鹽1克，醬油3克，橄欖油15克，香芹末少許。

沙拉醬汁：橄欖油黑椒汁（見34頁）。

週四低熱量飲食 🔥
（總熱量 495.8 大卡）

請按照本頁提供的食物熱量，嚴格控制飲食，男性每天控制在 600 大卡以內，女性每天控制在 500 大卡以內。

早餐｜聖女番茄黃瓜汁

食材：聖女番茄100克，黃瓜100克，去皮檸檬5克，冰水100克。

食物名	熱量（大卡）
聖女番茄	20
黃瓜	16
去皮檸檬	1.9
總熱量	37.9

午餐｜金槍魚時蔬沙拉

主食材：金槍魚50克，黃瓜80克，罐頭裝紅腰豆30克，玉米粒25克，豌豆10克，聖女番茄50克，生菜50克。
配料：杏仁片5克。
沙拉醬汁：魚露酸辣汁（見44頁）。

食物名	熱量（大卡）
金槍魚	94.5
黃瓜	12.8
紅腰豆	37.5
玉米粒	28
豌豆	39.8
聖女番茄	10
生菜	7.5
總熱量	230.1

晚餐｜香煎鮭魚藜麥沙拉

主食材：鮭魚90克，藜麥（未煮）20克，櫻桃蘿蔔30克，黃瓜80克、聖女番茄50克、生菜60克。
配料：橄欖油3克，黑胡椒碎1小撮，鹽1小撮，杏仁片5克，檸檬5克。
沙拉醬汁：紅酒洋蔥醬（見35頁）。

食物名	熱量（大卡）
鮭魚	89.1
藜麥	73.6
櫻桃蘿蔔	6.3
生菜	9
聖女番茄	10
黃瓜	12.8
橄欖油	27
總熱量	227.8

週五正常飲食 🔥🔥🔥

可按以下食譜製作蔬果汁和沙拉，也可根據自己的喜好吃任何想吃的食物。

早餐｜熱帶風味水果優酪乳

材料：芒果60克，葡萄柚50克，百香果1顆，蘋果50克，優酪乳200克。

午餐｜鮮筍糙米火腿沙拉

材料：冬筍100克，生菜80克，火腿片60克，聖女番茄50克，櫻桃蘿蔔30克，糙米（未煮）35克，罐頭裝紅腰豆40克。
沙拉醬汁：香辣紅醋醬（見42頁）。

晚餐｜金槍魚田園沙拉

食材：金槍魚80克，雞蛋1顆（約50克），馬鈴薯80克，黃瓜60克，罐頭裝鷹嘴豆30克，豌豆50克，玉米粒50克，聖女番茄50克，生菜100克。
沙拉醬汁：低卡蛋黃醬（見31頁）。

週六正常飲食 🔥🔥🔥

可按以下食譜製作蔬果汁和沙拉，也可根據自己的喜好吃任何想吃的食物。

早餐｜葡萄柚甜瓜汁

食材：葡萄柚100克，甜瓜100克，冰水100克。

午餐｜芒果蟹柳沙拉

主食材：蟹柳100克，芒果60克，生菜80克，聖女番茄50克，洋蔥30克。
配料：檸檬2片，熟白芝麻1小撮。
沙拉醬汁：魚露酸辣汁（見44頁）。

晚餐｜菌菇肉末義麵沙拉

主食材：貝殼義大利麵（未煮）35克，杏鮑菇40克，鴻喜菇40克、白精靈菇〔白靈菇〕40克、鮮香菇40克、牛肉末60克、洋蔥末30克。
配料：橄欖油15克，鹽適量，蔥花少許。
沙拉醬汁：和風芝麻醬（見38頁）。

週日正常飲食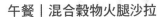

可按以下食譜製作蔬果汁和沙拉，也可根據自己的喜好吃任何想吃的食物。

早餐｜什錦果乾堅果優酪乳

食材：蔓越莓乾25克，黑醋栗乾〔黑加侖子乾〕25克，葡萄乾25克，核桃仁25克，杏仁片15克，樹莓30克，優格乳200克。

午餐｜混合穀物火腿沙拉

食材：火腿片60克，聖女番茄60克，罐頭裝鷹嘴豆50克，豌豆50克，黃瓜80克，玉米粒50克，藜麥（未煮）35克，生菜80克。

沙拉醬汁：中式酸辣汁（見43頁）。

晚餐｜煎蛋牛肉泰式沙拉

食材：雞蛋1顆（約50克），牛里脊或牛排100克，黃瓜80克，聖女番茄60克，生菜80克，櫻桃蘿蔔30克。

配料：橄欖油15克，黑胡椒碎1小撮，鹽1小撮。

沙拉醬汁：魚露酸辣汁（見44頁）。

第四週　主題食材：生菜、高麗菜（或紫甘藍）

週一　　低熱量飲食日　🔥

週二　　正常飲食日　🔥🔥🔥

週三　　正常飲食日　🔥🔥🔥

週四　　低熱量飲食日　🔥

週五　　正常飲食日　🔥🔥🔥

週六　　正常飲食日　🔥🔥🔥

週日　　正常飲食日　🔥🔥🔥

週一低熱量飲食

（總熱量 496.1 大卡）

請按照本頁提供的食物熱量，嚴格控制飲食，男性每天控制在 600 大卡以內，女性每天控制在 500 大卡以內。

早餐｜石榴柳橙紫甘藍汁

食材：石榴70克，柳橙50克，紫甘藍30克，冰水100克。

食物名	熱量（大卡）
石榴	51.1
柳橙	24
紫甘藍	6.6
總熱量	81.7

午餐｜牛肉末鷹嘴豆沙拉

主食材：牛肉末50克，洋蔥末10克，罐頭裝鷹嘴豆20克，紫甘藍60克，生菜80克，聖女番茄60克。

配料：橄欖油3克，鹽1小撮。

沙拉醬汁：橄欖油黑椒汁（見34頁）

食物名	熱量（大卡）
牛肉	62.5
洋蔥	33.9
鷹嘴豆	67.4
紫甘藍	13.2
生菜	12
聖女番茄	12
橄欖油	27
總熱量	228

晚餐｜五彩時蔬沙拉

主食材：紫甘藍80克，黃瓜80克，生菜80克，雞蛋1顆（約50克），聖女番茄80克，玉米粒50克。

配料：檸檬5克。

沙拉醬汁：紅酒洋蔥醬（見35頁）。

食物名	熱量（大卡）
紫甘藍	17.6
黃瓜	12.8
生菜	12
雞蛋	72
聖女番茄	16
玉米粒	56
總熱量	186.4

週二正常飲食 🔥🔥🔥

可按以下食譜製作蔬果汁和沙拉，也可根據自己的喜好吃任何想吃的食物。

早餐｜彩椒濃湯配麵包

食材：麵包100克，紅甜椒50克，黃甜椒50克，煮熟馬鈴薯60克，牛奶60克，純淨水60克，洋蔥10克，鹽1小撮，大蒜1小瓣。

午餐｜香煎杏鮑菇火腿沙拉

主食材：杏鮑菇100克，紫甘藍60克，黃瓜60克，生菜80克，火腿片80克，聖女番茄50克，雞蛋半顆。

配料：橄欖油15克，鹽1小撮，黑胡椒碎1小撮，熟白芝麻1小撮。

沙拉醬汁：低卡蛋黃醬（見31頁）。

晚餐｜香辣時蔬沙拉

主食材：紫甘藍80克，高麗菜80克，胡蘿蔔80克，生菜80克，黃瓜60克。

配料：熟白芝麻3克，香菜10克。

沙拉醬汁：中式酸辣汁（見43頁）。

週三正常飲食 🔥🔥🔥

可按以下食譜製作蔬果汁和沙拉，也可根據自己的喜好吃任何想吃的食物。

早餐｜南瓜濃湯配麵包

食材：麵包100克，熟南瓜100克，牛奶70克，水70克，洋蔥10克，黑胡椒粉1小撮，鹽1小撮，香芹碎少許。

午餐｜培根菌菇沙拉

主食材：培根60克，鴻喜菇60克，紫甘藍60克，生菜80克，杏鮑菇60克，罐頭裝紅腰豆20克。
配料：橄欖油15克，鹽1小撮。
沙拉醬汁：香草油醋汁（見37頁）。

晚餐｜烤櫛瓜火腿沙拉

主食材：櫛瓜100克，火腿片80克，紫甘藍60克，聖女番茄60克，生菜80克。
配料：橄欖油15克，黑胡椒碎1小撮，鹽1小撮，檸檬10克，香芹末少許。
沙拉醬汁：普羅旺斯沙拉汁（見36頁）。

週四低熱量飲食

（總熱量 494.7 大卡）

請按照本頁提供的食物熱量，嚴格控制飲食，男性每天控制在 600 大卡以內，女性每天控制在 500 大卡以內。

早餐｜金橘檸檬紫甘藍汁

食材：金橘80克，紫甘藍30克，檸檬20克，冰水100克，蜂蜜10克。

食物名	熱量（大卡）
金橘	46.4
紫甘藍	6.6
檸檬	7.4
蜂蜜	32.1
總熱量	92.5

午餐｜日式高麗菜沙拉

主食材：高麗菜150克，胡蘿蔔80克，生菜50克，雞蛋1顆（約50克）。

配料：檸檬5克，熟白芝麻3克。

沙拉醬汁：和風芝麻醬（見38頁）。

食物名	熱量（大卡）
高麗菜	36
胡蘿蔔	31.2
生菜	7.5
雞蛋	72
白芝麻	16.1
總熱量	162.8

晚餐｜中式時蔬粉絲沙拉

主食材：水發冬粉50克，櫻桃蘿蔔45克，紫甘藍60克，生菜80克，聖女番茄50克，黃瓜60克。

配料：香菜20克，熟白芝麻3克，檸檬10克。

沙拉醬汁：中式酸辣汁（見43頁）。

食物名	熱量（大卡）
冬粉	169
櫻桃蘿蔔	9.5
紫甘藍	13.2
生菜	12
聖女番茄	10
黃瓜	9.6
白芝麻	16.1
總熱量	239.4

週五正常飲食 🔥🔥🔥

可按以下食譜製作蔬果汁和沙拉，也可根據自己的喜好吃任何想吃的食物。

早餐｜蘑菇濃湯配麵包

食材：麵包100克，蘑菇100克，洋蔥30克，牛奶50克，純淨水100克，秀珍菇適量（炒熟後當裝飾用），黑胡椒粉適量，鹽適量，橄欖油10克。

> **Tips：** 蘑菇、洋蔥加橄欖油炒香後，混合牛奶和純淨水打成濃湯，調味並用炒熟的秀珍菇裝飾即可。

午餐｜海鮮義麵沙拉

食材：螺旋義大利麵（未煮）35克，魷魚圈60克，墨魚60克，生菜60克，紫甘藍60克，胡蘿蔔60克，雞蛋半顆（約25克），洋蔥20克，黃瓜15克。
沙拉醬汁：魚露酸辣汁（見44頁）。

晚餐｜茄汁鱈魚時蔬沙拉

主食材：雞蛋半顆（約25克），紫甘藍50克，高麗菜60克，生菜60克，聖女番茄80克，鱈魚100克，黃瓜60克。
配料：橄欖油10克，黑胡椒碎1小撮，鹽1小撮，檸檬10克。
沙拉醬汁：番茄醬。

週六正常飲食 🔥🔥🔥

可按以下食譜製作蔬果汁和沙拉，也可根據自己的喜好吃任何想吃的食物。

早餐｜培根馬鈴薯濃湯配麵包

食材：麵包100克，培根20克，馬鈴薯80克，牛奶100克，黑胡椒粉適量，洋蔥30克，鹽適量，奶油10克。

午餐｜玉米火腿沙拉

主食材：玉米粒100克，火腿50克，雞蛋1顆（約50克），聖女番茄60克，生菜60克，紫甘藍60克。

配料：檸檬10克。

沙拉醬汁：中式酸辣汁（見43頁）。

晚餐｜照燒雞胸時蔬沙拉

主食材：雞胸肉100克，洋蔥60克，櫻桃蘿蔔50克，高麗菜60克，紫甘藍60克，生菜60克。

配料：熟白芝麻少許。

沙拉醬汁：經典照燒汁（見39頁）。

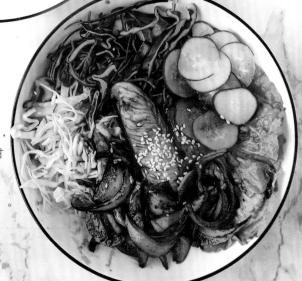

週日正常飲食 🔥🔥🔥

可按以下食譜製作蔬果汁和沙拉，也可根據自己的喜好吃任何想吃的食物。

早餐｜奇異果蘋果奶昔

食材：奇異果100克，黃瓜50克，蘋果80克，冰牛奶100克。

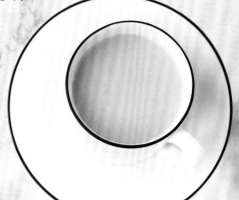

午餐｜泰式芒果鮮蝦沙拉

主食材：鮮蝦5隻（約150克），芒果80克，紫甘藍60克，生菜80克，櫻桃蘿蔔30克，聖女番茄60克。
配料：檸檬10克，香菜20克。
沙拉醬汁：魚露酸辣汁（見44頁）。

晚餐｜黑椒雞腿時蔬沙拉

主食材：雞蛋1顆（約50克），去骨雞腿1隻（約100克），聖女番茄60克，生菜80克，高麗菜60克。
配料：黑胡椒碎1小撮，鹽1小撮，橄欖油10克。
沙拉醬汁：橄欖油黑椒汁（見34頁）。

蔬果汁速查表

沙拉速查表

主食類

薄餅

大口吃超滿足！
不挨餓也能照樣瘦

蔬果汁 + 沙拉，吃對了瘦更快

餐餐均衡減量，吃出輕瘦美